內省的技術（新版）：

勇敢了解自我、願意真心傾聽，培養主動學習的能力，讓自己和組織更強大！

リフレクション (REFLECTION)
自分とチームの成長を加速させる內省の技術

熊平美香（KUMAHIRA Mika）｜著
許郁文｜譯

經營管理 177

內省的技術（新版）：

勇敢了解自我、願意真心傾聽，培養主動學習的能力，讓自己和組織更強大！

作　　者 —— 熊平美香（KUMAHIRA Mika）
譯　　者 —— 許郁文
企畫選書 —— 文及元
責任編輯 —— 文及元
封面設計 —— 黃維君
內文排版 —— 薛美惠
行銷業務 —— 劉順眾、顏宏紋、李君宜

總 編 輯 —— 林博華
發 行 人 —— 凃玉雲
出　　版 —— 經濟新潮社
104 台北市民生東路二段 141 號 5 樓
電話：(02)2500-7696 傳真：(02)2500-1955
經濟新潮社部落格：http://ecocite.pixnet.net

發　　行 —— 英屬蓋曼群島商家庭傳媒股份有限公司城邦分公司
台北市中山區民生東路二段 141 號 11 樓
客服服務專線：02-25007718；25007719
24 小時傳真專線：02-25001990；25001991
服務時間：週一至週五上午 09:30-12:00；下午 13:30-17:00
畫撥帳號：19863813；戶名：書虫股份有限公司
讀者服務信箱：service@readingclub.com.tw

香港發行所 —— 城邦（香港）出版集團有限公司
香港灣仔駱克道 193 號東超商業中心 1 樓
電話：25086231 傳真：25789337
E-mail: hkcite@biznetvigator.com

馬新發行所 —— 城邦（馬新）出版集團 Cite(M) Sdn. Bhd. (458372 U)
41, Jalan Radin Anum, Bandar Baru Sri Petaling,
57000 Kuala Lumpur, Malaysia.
電話：(603) 90578822 傳真：(603) 90576622
E-mail: cite@cite.com.my

印　　刷 —— 漾格科技股份有限公司
初版一刷 —— 2022 年 7 月 5 日
二版一刷 —— 2022 年 8 月 16 日

ISBN：9786269615384、9786269615377(EPUB)　

定價：480 元　Printed in Taiwan

前言

「市場規模一直縮小，業績目標卻愈來愈高。」
「明明必須跨部門合作，但部門之間一直雞同鴨講。」
「我很擔心部屬失去動力，卻沒有培養部屬的時間。」

領導者經常面對處理不完的課題，而且就算採用系統思考、設計思考或各種解決課題的方法，也很難找到這些課題的答案。大家是否有不知如何是好的感覺呢？

此時大家缺乏的不是新知識，也不是優秀的團隊成員。

而是「面對自己」。

若以電腦比喻，剛剛提到的課題解決工具不過是應用軟體而已。不管安裝了多少個最新版本的應用軟體，只要人類的作業系統（學習能力）沒有更新，就難以靈活地使用這些應用軟體。要安裝最新的應用軟體也需要讓人類的作業系統（學習能力）不斷升級。

由我擔任代表的一般社團法人二十一世界學習研究所，開發一套提升人類作業系統（學習力）的 OS21 課程，內容主要是幫助大家成為「自律型人才」，以便實現自己設定的目標。

這套課程最重視的是**內省**與**對話**，還有提升這兩個環節的品質的**後設認知（Meta-cognition）**。本書要介紹的是讓每個人視內省為理所當然的方法。

所謂的內省（Reflection）是以客觀、批評的觀點回顧自我內在的行為，與「內省」這個詞彙的意思最為相近。

早在希臘哲學家柏拉圖與蘇格拉底的時代，就已經出現內省這種行為，但一直到二十世紀末，內省才被視為「開創未來的力量」，之後透過人才開發的觀點普及全球。在日本經濟產業省提倡的「人生一百年時代的社會人基礎力」之中，內省也被視為學習各種技能的能力，也因此備受關注。

話說回來，大家對於「回顧」和「內省」有哪些印象呢？或許這些詞彙會給人一種反省失敗或被追究責任的負面印象吧？

不過，內省的目的在於從各種經驗汲取教訓，再利用這些教訓開拓未來。任何經驗都充滿了所謂的「睿智」。客觀地看待經驗能學到新的事物，幫助未來的自己做出判斷與行動。這就是內省的本質。

本書將為大家介紹下列這些與內省有關的基本方法。

■了解自己
■形塑願景
■從經驗學習
■從多彩多姿的世界學習
■反學習（放下學到的東西）

應用這些基本方法不僅能讓自己成長，還能進一步了解別人，促進對方的成長，培養統御組織的領導者。

所以本書也將為各位領導者介紹應用內省的方法。跨足於商界與教育界的我，為了「讓每個人發揮潛力，活得更像自己」，不斷探索人才開發的未來，也於個人與組織應用內省這套方法。

與滿腦子想著過去輝煌歷史的人對話，往往很難提到開創未來的話題，這也讓我感到危機。明明維持現狀就是退步，卻不願內省，如果只想牢牢抓住過去的成功體驗，不但無法描繪出理想的輪廓，也無法繼續前進。

但願內省的習慣能早日普及，讓每個人有機會在多元社會之中發揮能力。

不內省又持續躁進的兩大風險

優秀的領導者或商業人士，多半沉迷於追逐結果。就算想將知識化為語言，分享給別人，但得優先解決的課題卻接踵而來，只能依賴自己的方法解決課題，於是分享知識這件事就愈拖愈久……想必大家都有過類似的經驗吧？

就算過去累積了許多輝煌的戰功，若無法與別人分享「締造佳績」的方法，那就代表組織與你自己正面臨著兩大風險。

風險一：無法傳授知識，停止進化與成長

若無法說明締造成果的理由，就無法與別人分享自己在過去得到了哪些工作經驗與智慧，你也將陷入孤軍奮戰的困境，無法將工作交託給其他人。如此一來，你雖然能一直是別人眼中那位「優秀的人才」，但沒有新的挑戰，就無法繼續成長，這也是你無法專心管理部屬以及業務過多的原因。

曾經成功打造「學習型組織」的美國企業奇異（General Electrics，GE），將管理階層的工作定義為「早日讓部屬畢業」，若是某位主管讓部屬負責同一件工作超過三年以上，該主管會被認為沒有培育部屬的能力。之所以會如此評估一位主管，是因為奇異公司認為「人會在不斷面臨新挑戰的環境下成長」。

自己的職涯要靠自己的雙手拓展。

為了讓部屬挑戰新的事物，請將你已經學會的事情交給部屬負責吧。

風險二：受限於過去的成功經驗

如今我們正面臨大型的典範轉移（paradigm shift），公司正從一律採用社會新鮮人的成員型組織轉型為任務型組織，工作方式的改革也已經開始，而曾一度輝煌的業界，也被日新月異的新技術逼得不斷衰退。

當時代產生如此劇變，就很難依賴過去的成功經驗創造相同的成功。即使如此，但許多人還是放不下過去的成功經驗。這到底是為什麼？答案就是，這些人從來不懂得內省。

要放開過去的成功經驗，不能只是了解這些成功經驗已成過去，還必須知道這些過去的成功體驗塑造了哪些觀點與價值觀，在這些觀點與價值觀之中，又有哪些是必須拋棄的。為了達成這個目的，就需要學會內省。

反省自己是個人與組織不斷成長的關鍵。未來的領導者要想不斷創造佳績，就不能只是更新自己的技術或知識，還必須更新對自己的看法以及自己的內在。

有時我們會對現實與理想的落差感到無奈，但其實過去的經歷藏有許多意想不到的收穫，即使是昨天才發生的事情，應該都有一些值得學習的經驗。讓我們將這些收穫轉換成讓自己朝向理想奔馳的能量吧。

閱讀本書的方法

本書的目標是幫助大家學會高品質的內省習慣，以及培養部屬的技巧以及自我管理的技術。

第一章介紹的是提高內省品質的後設認知的框架，也就是「認知四種組合」，以及五項內省的基本方法。希望大家能應用這些方法，培養優質的內省習慣。

第二章至第四章介紹該於何種情況下內省，以及內省的具體流程。

第二章的主題是領導力，將告訴大家內省的習慣如何幫助大家培養屬於自己的領導力。

第三章的主題是培養人才，將告訴大家該如何利用內省提升團體成員的動力，促進團體成員的自主與成長。

第四章的主題是合作，也就是與別人協調。這章將告訴大家該如何利用內省打造能透過多元催生新價值的團體。

對於沒有內省習慣的人來說，或許會覺得一層層剝開自己的內在是件非常困難的事，但是當你愈了解自己，將愈肯定自己，最終也能享受這個過程。請大家務必下載本書收錄的內省框架，以及每天實踐這個框架的內容（詳見本書附錄）。

但願本書能從現在開始，帶領大家成長。

【圖 0-1】五項內省的基本方法

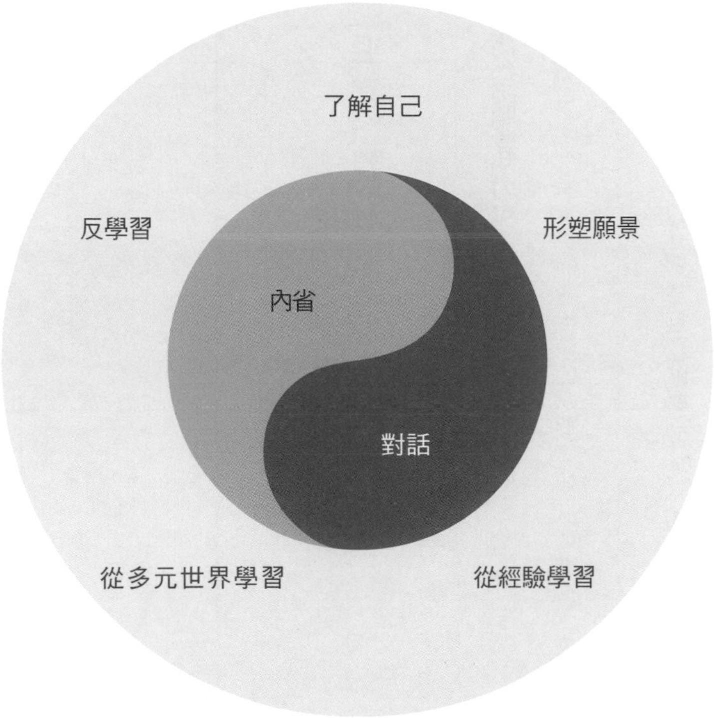

■透過內省與對話，
讓成長與收穫最大化。

POINT

■透過五項基本方法磨練領導力，
讓自己更懂得理解他人與帶領組織

目次

第 2 章

領導力篇

成為真正的領導者

第3章

培育篇

培育自律型學習者

第 4 章

團隊篇

合作

第 1 章

五種內省的基本方法

1 提高後設認知力與了解自己

雖然內省具有將各種經驗轉換成學習成效，幫助自己不斷升級的效果，但如果只是盲目地內省，就無法得到實現理想所需的智慧與靈感。此時我們該重視的是內省的品質。

在實踐內省之前，讓我們先了解「認知四種組合」。「認知」是一切的基礎，而這個組合則是整理「認知」的框架。

這個框架的目的在於提升後設認知力（認知已認知的事情）。我們對任何的事實或經驗都有屬於自己的**判斷與意見，而當我們將這些判斷或意見拆解成「意見」、「經驗」、「感受」和「價值觀」，讓這些判斷或意見變得更具體**，就能從不同的面向深入探討自己的內在，思想也將變得更加靈活。

【圖 1-1】認知四種組合的框架

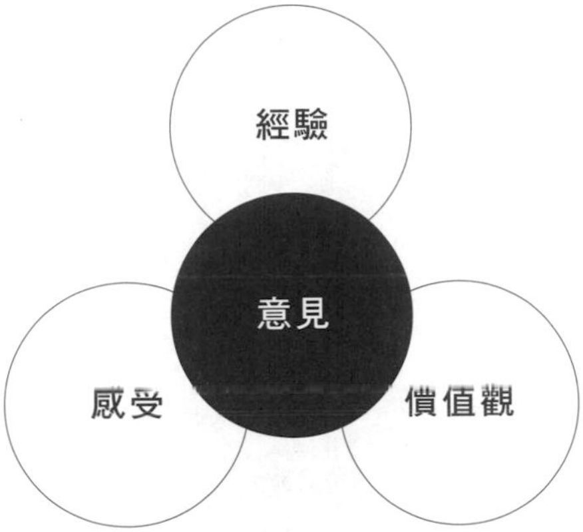

意見是根據過去的經驗、感受、價值觀形成

意見	你的意見為何？
經驗	**這個意見的背後有哪些經驗，又有哪些透過經驗了解的事情？** 讀過或聽過的事情也屬於經驗的一種
感受	**這個經驗與哪些感受有關？** 屬於經驗的記憶也是與感受有關的記憶。 大致上，感受可分成正面與負面兩種
價值觀	**從俯瞰的視角綜觀意見、經驗與感受， 找出你最重視的事物。** 例如你的核心價值觀、判斷標準、堅持、對事物的見解。

認知是心理學的用語，意思是「感知外界的對象，判斷這個對象是什麼」的過程。或許大家還不熟悉「認知」這個詞彙，但其實這跟呼吸一樣，是我們一出生就不斷實踐的行為。

■ **認知（感知與判斷）的例子**

（感知）眺望早晨的天空→（判斷）今天是晴天啊。
（感知）根據上司的表情→（判斷）今天上司的心情似乎不錯。
（感知）看過資料之後→（判斷）在有價值的部分畫線。

舉例來說，我們在檢視過去的經驗時，之所以會決定要回顧哪些經驗，以及賦予這些經驗某些意義，全是由我們的認知決定，所以當我們的認知產生偏誤，那麼不管花多少時間實踐內省，也無法得到真正重要的收穫。

認知（感知與判斷）有「透過經驗形成的『價值觀』進行」的法則。美國教育學家克里斯・阿吉里斯（Chris Argyris）曾以「推論階梯」(Ladder of inference，【圖1-2】）說明這個認知的機制。

認知是從事實與經驗之中，感知某項特定事實的時候開始的，而我們會根據過去的經驗或知識所形成的觀點判斷在此時感知的事實。

當我們對感知到的新事實進行判斷，就會透過這些經驗重新形塑與豐富原有的觀點。

後設認知的「認知四種組合」

美國麻省理工大學資深教授彼

【圖 1-2】推論階梯

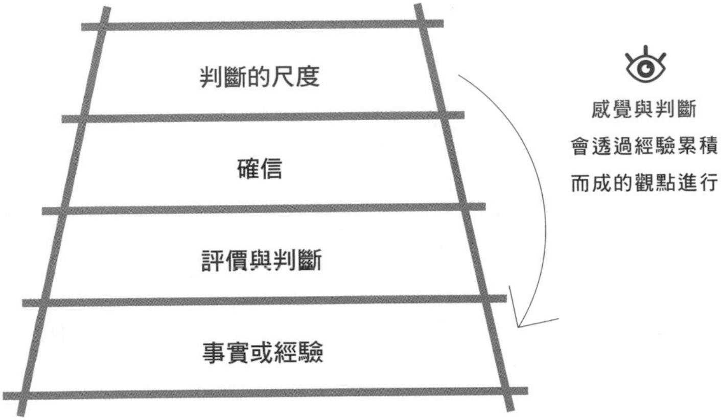

參考：《回饋：以團隊打造學習型組織的「五項能力」，達成企業改革目標的最強工具》（暫譯，原書名『フィールドブック　学習する組織「5つの能力」企業変革をチームで進める最強ツール』）（日本經濟新聞出版）

得・聖吉（Peter M. Senge）在其提倡「學習型組織」組織論之中，將透過推論階梯形成的觀點稱為「心智模式」（Mental Models），前面介紹的「意見」、「經驗」、「感受」和「價值觀」的「認知四種組合」，就是讓這個心智模式具體成型的工具。

接著透過簡單的事例，介紹「認知四種組合」是如何打造心智模式的吧。

比方說，讓我們思考對狗的「好惡」，也就是對狗的認知。

喜歡狗的人有可能會養狗，也可能很疼愛狗，而這些正面的經驗會形成「狗很可愛、很療癒」的觀點，也讓這些愛狗人士一看到狗狗就想接近牠們。反觀那些討厭狗的人，可能曾經被狗咬過，被狗追過，所以覺得「狗很危險」，一旦看到狗就避之唯恐不及。

此外，就算經驗相同，對這些經驗的印象也是因人而異。

比方說，一起去夏威夷旅行的 A 與 B 對這趟旅行的回憶可能就有所不同。

最讓 A 印象深刻的回憶是「在海邊散步」，但 B 則覺得「水肺潛水」是最深刻

【圖 1-3】認知四種組合（以人看到狗為例）

人看到狗的認知

	A的認知框架	B的認知框架
意見	喜歡狗	討厭狗
經驗	曾經在家裡養過狗	曾被狗咬傷
感受	愉悅、安心	害怕
價值觀	覺得狗很可愛，很療癒	覺得靠近狗很危險

POINT

即使是看到同一隻狗，每個人的認知也不盡相同。

的回憶。

讓我們試著以「推論階梯」與「認知四種組合」解釋這兩個人的認知。

A在海邊散步時，覺得夏威夷的濕度與東京不同，也覺得這樣很舒服。照理說，在夏威夷的海邊散步時，應該會有許多在東京沒有的體驗，例如夏威夷特有的海色或是沙子的觸感。

當A以認知四種組合思考自己為什麼在這麼多的體驗之中，特別在意濕度，就會發現自己特別重視「舒適感」與「清爽感」這類價值觀。

反觀B印象最深刻的是在水肺潛水的時候，遇到在水中倘佯的海龜。在夏威夷潛水的時候，可以看到在日本海看不到的魚，而且這些魚的顏色都非常鮮豔，說不定還有機會遇到魟魚，清澈通透的藍色大海也讓人印象深刻。

為什麼B會在無數個事實之中，特別挑出海龜呢？若以「認知四種組合」思考，就會發現這與B在小學時代學游泳的經驗有關。B在學游泳的時候，感受到「速度

【圖 1-4】A 的夏威夷體驗

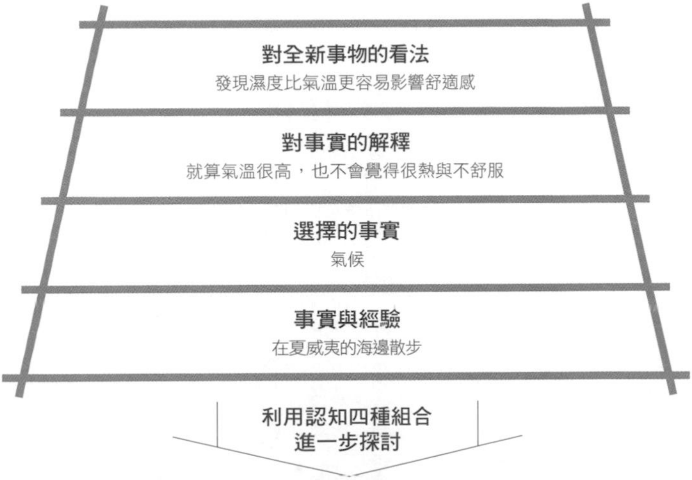

對全新事物的看法
發現濕度比氣溫更容易影響舒適感
對事實的解釋
就算氣溫很高，也不會覺得很熱與不舒服
選擇的事實
氣候
事實與經驗
在夏威夷的海邊散步
利用認知四種組合
進一步探討

A的認知四種組合	
意見	**為什麼特別在意濕度？** 夏威夷雖然很熱，卻不像東京又濕又黏，這點讓A非常驚訝。
經驗	**有哪些經驗與上述的意見有關？** 隨著地球暖化，只要一到夏天，在東京外出時，衣服一定會因為汗水濕透，讓人在工作的時候，很想「沖個澡」。來夏威夷的前一天也是這樣，所以完全沒想到來夏威夷會這麼舒服。
感受	**上述的意見與經驗與哪些感受連結？** 驚訝（夏威夷的舒適感） 遺憾（日本的暑氣）
價值觀	**綜觀上述的意見、經驗與感受，找出你重視的部分。** **（重要的價值觀、判斷的標準、堅持、看待事物的方法）** 舒適感、清爽感

感與美麗的泳姿」，而這個體驗成為他非常重要的價值觀，而這個價值觀在看到海龜游泳的樣子時甦醒。

不知道大家是否已經能夠想像，利用「認知四種組合」進行內省，是提升後設認知的方法。

從無數的經驗之中，認知哪個經驗，對哪個經驗做出判斷與意見呢？在這些意見背後，又有哪些經驗？這些經驗又與哪些感受連結？而這些意見的前提之中，又有哪些價值觀與看待事物的方法？客觀審視這一切就有機會提升後設認知的能力。

內省的困難之處在於很難擺脫自己的認知。每個人都只會看自己想看的東西，而在這種狀態下內省，不會得到太多收穫。

當我們知道自己察覺了什麼，又做出了哪些判斷（意見），而這些判斷又與哪些經驗、感受或價值觀有關時，我們才有可能從更高的層次俯瞰自己的內省。

試著了解自己的認知框架，才能讓自己以不同的角度看待事物。

【圖 1-5】B 的夏威夷體驗

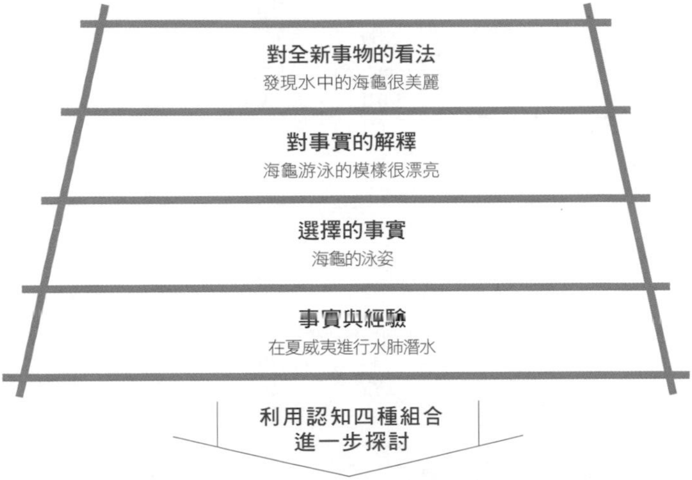

B的認知四種組合	
意見	**為什麼特別在意海龜的泳姿？** 小時候讀過龜兔賽跑的故事，所以覺得「烏龜的動作很慢」，沒想到烏龜在海中游得那麼快、那麼美，而且游泳的時候，沒有半點多餘的動作。
經驗	**有哪些經驗與上述的意見有關？** 在小學時代學游泳的時候，看到別人游得很快、很美沒有半分多餘的動作。
感受	**上述的意見與經驗與哪些感受連結？** 驚訝、感動
價值觀	**綜觀上述的意見、經驗與感受，找出你重視的部分。** **（重要的價值觀、判斷的標準、堅持、看待事物的方法）** 速度很快、很美、很簡潔的泳姿

利用「認知四種組合」分享內省的結果，就會更知道自己與別人的差異，也會因為人類認知的多元而大吃一驚。所以請不要獨自一人內省，要試著與擁有相同經驗的團體成員或其他人一起內省。

了解別人對各種經驗的解釋，也能學到不同於自己的觀點。

切割意見、經驗、感受與價值觀

「認知四種組合」需要讓形成意見的經驗、感受與價值觀分開來。由於我們的生活不會特別區分意見、經驗、感受與價值觀，所以有可能會不太習慣這麼做。

不過，當我們養成將這四點分開來看之後，就能更了解自己，也就更有能力改變自己，此時便能更輕易地察覺自己有哪些束縛，也更容易從經驗得到更多有意義的收穫。或許一開始會不太習慣這麼做，但請大家務必練習看看，讓自己更輕鬆地使用「認知四種組合」。

接下來要透過日常生活的場景說明切割這四點的方法。

與部屬一對一面談

很久沒與部屬進行一對一面談。居家工作的部屬看起來好像有些孤單，所以除了工作之外，也問了他有沒有什麼煩惱或是遇到什麼麻煩。由於是待在家裡的線上面談，所以氣氛比在辦公室面談來得輕鬆，我也比較能傾聽部屬的想法，不會一直想得到結論。居家工作開始之後，我比過去更了解溝通的重要，也變得與部屬互相信任。

若以「認知四種組合」分解上述的經驗，可得到下列的結果。

意見 居家工作的模式讓你覺得溝通非常重要，與更懂得與部屬互相信任。

經驗 你與部屬各自在自己的家裡進行一對一的遠端面談。由於氣氛與辦公室不同，所以能更放鬆地交談。此外，你為了了解部屬的狀況，選擇聆聽對方的意見，而不是像過去一樣不斷地發問。

感 受 驚訝、安心

價值觀 支持、信任

接著依照各個項目說明該將上述的意見、經驗、感受與價值觀填入哪些位置。

意見

請在意見欄位填入**思考**、**學習和想法**。「提案 A 很棒」、「天氣很好」就屬於這個部分。

有些人會覺得經驗、感受、價值觀都包含了意見，但很少人會在聊天或想事情的時候，把意見、經驗、感受與價值觀分開來看，所以一開始沒辦法把這四樣分開來也沒關係，只須記得「要分成四個分類」即可。

經驗

請在經驗欄位寫下**「形成意見的經驗」**，將經驗看成「意見的根據」或是曾經讀過或聽過的事情也沒關係。

這裡的經驗可以是抽象的，但能確定「發生時間」的經驗比較具體，也比較能從中找出後續的感受與價值觀。

感受

請填入**「對前述的經驗與知識具有哪些感受」**。大致上，感受可分成「正面」與「負面」兩種。許多人認為感受通常夾雜著「意見」，但務必將兩者分開，只寫出感受到的部分。

許多人都不習慣將感受寫成文字。如果實在不知道該怎麼以文字形容感受，可先從判斷感受是正面還是負面的部分著手，之後再於下一頁的「普魯奇克感受輪盤」尋找足以形容感受的詞彙。

有些人被問到感受的時候，會出現「為什麼我得在職場談論自己的感受」這類反應。

【圖 1-6】普魯奇克感受輪盤（Plutchik's Wheel of Emotions）

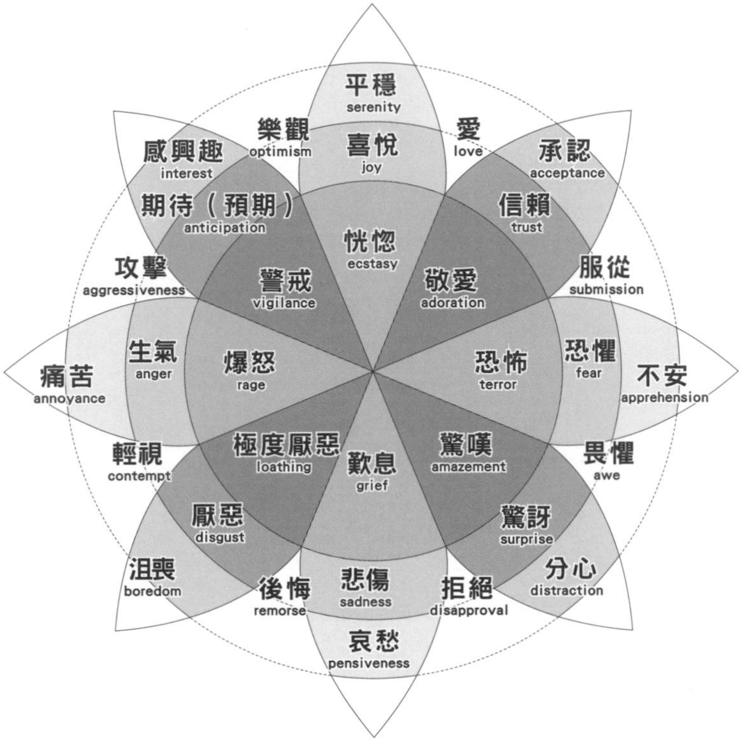

POINT

■在還不習慣以文字敘述感受時，
可從上述的感受輪盤選擇足以形容當下感受的文字

■愈接近輪盤中心的文字，代表愈強的感受

請對方以「認知四種組合」內省自己為什麼會如此排斥之後，就會發現這些人的內心藏著「公司是講究邏輯的地方，必須能隨時冷靜地判斷事情，完全不需要任何感受的價值觀」，看來「感受」這個字眼與負面的感受連結。

有趣的是，這類人會希望上司描述願景，會要求部屬更有幹勁。不管是願景還是幹勁，背後都少不了熱情，純粹就是「感受的綜合體」，職場不需要任何感受的說法，徹徹底底就是一場誤會。

美國神經科學家安東尼歐・達馬吉歐（Antonio Damasio）曾以科學實驗證實，邏輯思考與感受息息相關，也因此聲名大噪。

費尼斯・蓋吉（Phineas Gage）是一位在鐵路工程中，因為意外導致前額葉皮質區（掌管感受的大腦區塊）受損的人，而達馬吉歐博士曾對這個案例進行研究，也於1994年在美國科學期刊《科學》（*Science*）發表研究成果。

在遭逢事故之前，蓋吉是一位謙虛、勤奮的人，但是當他的大腦意外受損之後，個性像是變了一個人一樣。他沒有喪失任何記憶，卻沒辦法進行學習，也無法進行任何判斷。達馬吉歐博士比對蓋吉受損的頭蓋骨與正常大腦的磁振造影（另譯為核磁共振，Magnetic Resonance Imaging，MRI）之後，證明蓋吉的大腦的受損部分就是掌管感受的前額葉皮質區，這項研究也以科學方式證實感受與思考有關，相關的理論也得到全世界的認同。

腦科學家在 Neuroscience in the Classroom 的官方網站，如此描述大腦透過經驗學習的過程：

> 我們會在日常生活之中做出各種決定，此時做為判斷基準的是過去的經驗。我們會根據當下的感受判斷這項決定是「睿智的」還是「愚蠢的」，大腦也會把這結果當成某種知識，以便在下次進行決定時使用。此外，預測判斷結果之際的感受，也會成為做決定的基準。

一如腦科學的發現所述，即使是邏輯思考，背後也少不了感受的支持。在認知四種組合之中，經驗與感受緊密結合，而感受與形成意見的價值觀緊密結合。若是在判斷事物時忽略感受，可說是一件非常危險的事。

感受與價值觀的關係其實非常簡單。

不管是誰，只要自己重視的價值觀得到認同就會變得正面，若是得不到認同，就會變得負面。

價值觀

在「認知四種組合」之中，價值觀是最難定義的一項。價值觀包含**「用於判斷事物的基準或度量衡」**以及**「看待事物的方式」**。意見的背後一定藏著判斷事物所需的基準，不過價值觀是抽象的概念，若是還不熟悉以文字敘述價值觀，就很難找到它。

請大家試著以四十五頁實作一的關鍵字清單，幫助自己養成以文字敘述價值觀的習慣。

大家是否已經了解意見、經驗、感受、價值觀的定義，以及「認知四種組合」了呢？接下來，我們要徹底利用這個組合介紹五種基本的內省方法。這五種基本的內省方法都是以認知四種組合為基礎。

- ■了解自己
- ■形塑願景
- ■從經驗學習
- ■從多彩多姿的世界學習
- ■反學習（放下學到的東西）

重點

○要提升內省的品質，就該利用認知四種組合這個思考框架，培養區分**意見**、**經驗**、**感受**、**價值觀**的習慣。

○說明意見形成過程之中的經驗

○以文字敘述意見形成過程之中的價值觀（判斷的基準或看待事物的方法）。

○了解感受對邏輯思考造成的影響。

2 了解自己

推動你前進的重要價值觀是什麼？

「了解自己的內省」的這個主題就是「內發的動機」，也是我們的動機來源。只要能掌握自己的動機來源，就能隨時觸發自己的動力。

若提到內發的動機，就以美國作家丹尼爾・品克（Daniel H. Pink）提到的「激勵三・○」最為知名。品克將報酬、處罰這類從外在觸發的動機稱為「激勵二・○」，也認為每個人都擁有激發潛力與創意的內在動機，預言「激勵三・○」的時代即將到來。

最近有愈來愈多人關注基於內在動機採取行動的自我管理。研究自律型組織，提倡「青色組織」（teal organization）的《重塑組織》作者弗雷德里克・萊盧（Frederic

Laloux）也曾暗示管理的時代即將告終，也描繪了每個人透過自我管理的方式與組織的目的（存在的理由）呼應，組織也因此得以運作的魅力（詳見第四章第一節「目的、願景和價值）。

了解動機來源，打造屬於自己的軸心

動機來源就是讓人感到自我價值與喜悅的理由。我們每個人都擁有各式個樣的動機來源，就算從事相同的工作，就算個性類似，也不一定會對同一件事擁有相同的價值觀。

舉例來說，團隊的企畫成功時，每個團體成員應該都很開心，但每位成員開心的理由卻不盡相同。

有些人覺得能與同伴齊心協力完成任務很滿足，有些人則是因為得以發揮創意而開心，當然也有人是因為順利完成不可能的任務而滿足，有些人則是贏得競賽而感到喜悅，說不定有些人是因為聽到顧客口中的謝謝與讚美而充滿感激之情。

當你的專案非常成功，締造了令人讚賞的成果，你開心的理由會是什麼？如果你還不太清楚這個理由，只要實踐接下來的「了解自我的內省」，就能立刻了解動機來源。

動力提升不會只有一個理由。讓我們透過「內省」製作一張「動機來源列表」吧。了解動機來源能讓領導力更臻成熟。動機來源是人格魅力的泉源，也是別人願意跟隨你的理由。了解動機來源，學會維持動力的方法之後，就能成為遇到困難也屹立不搖的領導者。

實作：了解自己的內省

就算之前不曾將「動機來源」寫成白紙黑字，我們的「內心」其實或多或少也察覺到一些端倪，因為當我們幹勁十足時，會因「成就感而獲得喜悅」，當我們失去動力時，心情就會變得很負面。

了解自己的內省會帶著我們探索「這些正面或負面情緒產生的理由」。

當我們針對感受的變動進行內省，那些下意識感受到的動機來源就會以「價值觀」的樣貌出現。

接下來要請大家透過下列四個內省的步驟，將重要的價值觀化為文字，從中尋找動機來源。

- 利用關鍵字內省
- 以日常生活當成內省的題材
- 回顧令你生氣的事情
- 回顧過去的自己

利用關鍵字清單內省

請從實作一的關鍵字清單之中，選出一個最重要的關鍵字，回答「認知四種組合」

的問題。

例如你從關鍵字清單中選擇了「挑戰」，這個關鍵字有可能代表你的個性，但是從認知四種組合的內省導出的「樂觀、挑戰不可能」的價值觀，更能具體描述你的個性。換言之，你可能覺得自己擁有「樂觀」的使命，或是願意積極挑戰「不可能的任務」。

此外，與「挑戰」一詞串連的經驗與價值觀是因人而異的。就算別人也選擇了「挑戰」這個關鍵字，但與其串連的動機來源都是不同的。說不定有些人將「挑戰」視為「成長」，有些人則是因為「喜歡冒險」才選擇「挑戰」。

我建議大家一起進行這個練習。一開始可先分頭進行再分享結果。不管選的關鍵字是否相同，聽別人的分享可進一步了解對方，也能更了解自己。

找到重要的價值觀之後，可將屬於自己的動機來源列成一張表格，尤其要列出與熱情有關的動機來源。當你覺得自己變得意興闌珊，可試著重新檢視這張列表，替自己的動力充電，就能更積極挑戰工作。

實作一 從關鍵字找出自己的動機來源

選出最重要的關鍵字，再利用認知四種組合內省

關鍵字清單

均衡的生活／職業的活動／挑戰／勇氣、冒險／職業的成就／社會問題／名聲、成功／能量、影響力／正直／自我理解／開放的心胸／良好的人際關係／勤勉／孤獨／瞑想／熱心助人／工作的喜悅／效率／物質生活的滿足／自立、獨立／工作的品質／好奇心／精神生活／未來的志向／對任何事物有興趣／專業領域的評價／創造性、原創性／指導、培育／信念／追求真實／成長、學習

認知四種組合的範例	
意見	**你選擇了哪個關鍵字？** 挑戰
經驗	**讓你覺得這個關鍵字很重要的經驗是什麼？** 剛進公司的時候，我被選為重要專案的成員。雖然只是助理，但同為成員的前輩們都很優秀，我也因此學到很多東西。當時的專案有很多待解決的課題，但前輩陸續解決之後，成功完成專案。我最感興趣的是在陷入危機時，前輩從不說喪氣話，而且總在不知不覺之間就脫離了危機。這個過程在那個專案結束之前不斷地循環。
感受	**當時你的心情是？** 覺得很光榮、雀躍、興奮
價值觀	**你從中找到什麼驅動你的重要價值觀？** 樂觀、挑戰不可能

以日常生活當成內省的題材

日常生活充滿了發現動機來源的機會。不管是正面的感受，還是負面的感受，都是幫助我們找到動機來源的機會。讓我們以觸動感受的經驗為內省的題材，進一步了解自己吧。

尤其「充滿成就感的工作」是非常適當的題材，建議大家定期以這個題材內省。

意見　**請舉出一件讓你覺得有成就感的工作。**

拿到訂單

經驗　**那是一次怎麼樣的經驗？**

我第一次拿到大型物件的訂單。在上司的指導下，細心地服務顧客才達成如此佳績。對我們公司來說，這也是首見的交易，所以我也曾經懷疑「為什麼是由我負責」，也因此覺得很有負擔，但多虧部門同事的支援，我才能締造結果。

感受

產生哪些感受？

開心、成就感

價值觀

從中找到什麼重要的價值觀？

合作、夥伴、感謝

如果在這次內省之中，發現除了「充滿成就感的工作」這點，還有其他能鼓動感受的題材，請務必試著以這個題材內省。除了「拿到訂單、很有成就感」這種感受方面的內省之外，若能養成**反問自己「為什麼我會有這種感受」，以及尋找背後的理由（價值觀）的習慣，就能了解自己重視的事物。**

回顧令你生氣的事情

氣到頭皮發麻、怒火中燒的時候，動機來源將減弱。這時候請反問自己「為什麼我現在會這麼不爽？」**只要養成這項習慣，不愉快的經驗也能幫助我們找到動機來源，以及讓我們恢復冷靜。**

意見

請舉出一件最近很生氣（讓你的感受變得很負面的經驗）的事。

公司轉換方針

經驗

那是一次怎麼樣的經驗？

我手頭上的案件因為公司轉換方針而被迫中止。明明我花了很多心思執行，而且一切照計畫進行！如果再給我三個月，我就能拿出成果，為什麼非得中止不可呢？我完全無法接受。

感受 **產生哪些感受？**

不甘心

價值觀 **從中找到什麼重要的價值觀？**

成果、結果、貫徹始終、擁有權、責任

令人意外的是，比起開心的心情，回顧那些讓你覺得不甘心、生氣或是其他的負面情緒，更容易找出你很重視的價值觀。

當你看著湛藍的天空說出「今天天氣真好」，覺得自己很幸福的時候，就算反問自己「為什麼我會這麼幸福呢？」也很難找到成為動機來源的價值觀。反觀你因為「那個人每次都不守信用」而生氣時，一下子就能找到你無法容忍對方的理由，因為這時候你重視的是「守信」這個價值觀。

當我們陷入負面情緒，就是了解自己的大好時機。這時候請務必反問自己「為什麼我會產生這些感受呢？」

回顧過去的自己

不知道大家是否在職涯開發課程或領導力課程為過去的自己製作過圖表呢？這種圖表的直軸是動機，橫軸是時間，內容則是回憶在過去的人生之中，令人印象深刻的事件。照理說，任何人的曲線都會是高低起伏的。

如果你已經製作過這類圖表，就從轉折處（轉捩點）的經驗之中找出正面與負面的經驗，再試著利用前一頁的步驟內省，應該可從那些屬於轉機的經驗找到許多動機來源。

當你不斷地內省，某些價值觀有可能一再出現，而這些常出現的價值觀在動機來源之中，有可能是特別重要的價值觀。

讓自己從平日就習慣內省，透過內省了解自己，以及製作專屬自己的「動機來源列表」，就能在突然陷入迷惘，不知為何工作的時候，找到提升動力的線索。

此外，若能養成動機來源與工作連結的習慣，就能不依賴公司與上司，成為自行產生動力的內燃機，也能在任何環境下持續成長。

重點

○不管感受是正面還是負面，都要反問自己「為什麼我會有這種感覺？」讓自己內省。
○透過內省製作「動機來源列表」。
○活用動機來源，增加成就感與幸福。

3 形塑願景

釐清動機來源之後，接著讓我們挑戰「形塑願景的內省」。讓我們將剛剛找到的動機來源轉換為邁向目標或願景的原動力吧。讓自己心中的願景與動機來源連動，就能知道「自己到底想實現什麼目標」。

本書將目的或願景定義為「對未來的企圖」。或許大家會覺得「願景」有目標很遠大的感覺，但就本書而言，所謂的願景也包含「讓服務的顧客綻放笑容」、「健康地生活」這種貼近日常生活的願望。請大家將「願景」當成**所有想實現的事情**即可。

從負面情緒找出願景的種子

形塑願景的內省可聚焦於負面情緒，再利用「認知四種組合」進行。

當我們缺乏動機來源（重視的價值觀），通常會對某些事物不滿，也會發現一些有待解決的課題，偶爾還會在這時候生氣。

這代表你的心中有所謂的「理想姿態」，你也希望自己成為那個理想中的自己。這就是所謂的願景種子，而**這類內省的目的就是讓這個埋在心中的願景種子成長為真正的願景**。

當我們找到與動機來源有關的願景之後，會很想「改變現狀」，想消除「現狀與理想之間的落差」，潛力也會一步步增強。

這些源自內在的動機會激發你的創造力，催生戰勝困難的能量。

在懂得學習的組織之中，將這種能量稱為「**創意張力**」。

「志向」、「信念」、「切身感受」和「當責」這些詞彙，都在形容創意張力驅動我們的狀態。

當我們需要對眼前的事情更加專注時，可試著執行接下來介紹的內省，一步步釐清願景。

釐清想實現的事情

將想要實現的事情當成內省的題目，就能找到「想要的理想狀態」以及「讓你想要實現這件事的價值觀」。

假設你還沒找到自己的願景，請試著將那些想在職場或私生活實現的事

【圖 1-7】創意張力

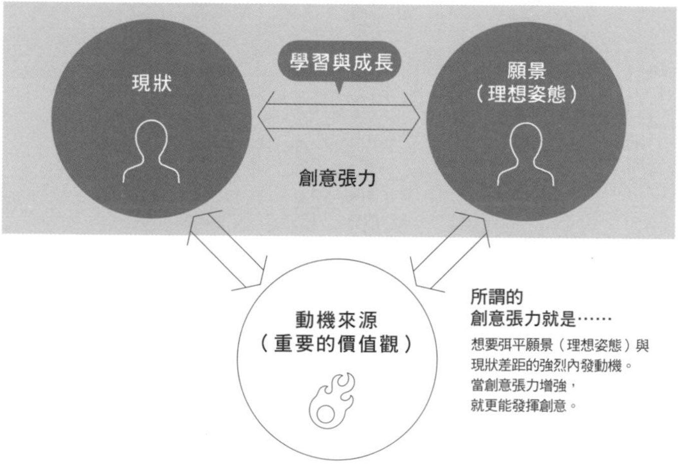

學習與成長
現狀
願景
（理想姿態）
創意張力
動機來源
（重要的價值觀）
所謂的
創意張力就是……
想要弭平願景（理想姿態）與
現狀差距的強烈內發動機。
當創意張力增強，
就更能發揮創意。

情當成內省的題材吧。

想實現的事情的內省

意見

現在想實現什麼事情？

想讓內省成為每個人的習慣。

經驗

在前述的意見背後有哪些經驗（包含已知的事情）？

與那些囿於過去成功經驗的人談論未來，描繪理想的藍圖也沒辦法前進。明明大家都知道維持現狀就等於死亡，卻還是維持現狀。

感受

有哪些感受與上述的經驗連結？

悲傷、焦慮

價值觀 從中找到什麼重要的價值觀？
跨越邊界，創造良性變化

成為動機來源的「價值觀」與想實現的願景，也就是「意見」建立關聯性之後，願景就是大力驅動我們的力量，面對困難也不退縮的能量就會從內側湧出。若能善用這股能量，我們將無所畏懼。

將目標與願景視為切身之事

或許有些上班族會覺得「工作與願景都是公司賦予的」。但就算是公司交辦的工作，只要能與自己的動機來源產生關聯，工作一定會變得更快樂，也更有機會發揮潛力。

接下來要介紹讓目的或願景變成切身之事，讓實現之後的想像變得更加明確的內省。

正在進行的內省主題

請針對你目前正在進行的事情回答以下十個問題：

1. 主題 你現在正在著手進行什麼事情？

2. 目的與願景 你想透過上述的努力實現什麼事情？

3. 與動機來源的相關性 想實現的事情對你有何意義？

4. 經驗 具備與這件事有關的經驗（包含已知的事情）嗎？

（讓你覺得目的與願景很重要的經驗）

5. 感受 上述的經驗與哪些感受連動。

6. 價值觀 從中發現哪些你重視的事情？

（因為重視，所以對前述的目的與願景有所堅持嗎？在經驗或感受的背後，又有哪些價值觀存在？）

7. 誰的需求 誰能享受努力的結果？

（達成目的或願景之後，誰的需求會被滿足？）

8. 哪種需求　達成目的或願景，受惠者能得到什麼？

（當目的或願景達成，能滿足什麼需求？）

9. 影響力　達成目的或願景之後，社會將產生什麼變化？

（當目的或願景達成，社會將有什麼改變。影響範圍請依照主題改寫成家人、地域、社群、團體、組織）

10. 成功的評價軸　如何評估達成目的或願景的成功。

（絕對要達成的目標以及用於評估成功的評價軸是什麼？）

反問自己想實現的事情，以及為什麼如此看重這件事情，就能將這些事情當成切身之事。如果是遠大的願景，有可能在回答前述十道問題的時候，會覺得很興奮或緊張。

利用認知四種組合內省可了解自己重視什麼事情。透過內省找到價值觀，再將價值觀列成一張清單，就能將任何工作轉換成切身之事。擁有動機來源的願景，再以自己的話描述「為什麼想要從事這項工作（Why）？」行動模式就會改變，身邊的人或許會驚訝地問你「發生什麼事了嗎？」

實作二

正在著手進行的主題的內省
請針對你正在著手進行的主題回答十個問題

主題	**你現在正在著手進行什麼事情？** 讓內省普及與帶來啟發
目的與願景	**你想透過上述的努力實現什麼事情？** 讓每個人都視內省為理所當然的事
與動機來源的相關性	**想實現的事情對你有何意義？** 有一步步解決課題，讓明天變得更好的感覺
經驗	**具備與這件事有關的經驗（包含已知的事情）嗎？（讓你覺得目的與願景很重要的經驗）** 在泡沫經濟時期前往商學院留學時，最大的內省題材就是「為什麼美國會輸給日本」。我在美國了解日式經營模式的強項之後，回到日本才發現，日本企業放棄了日式經營的優點，也因此愈變愈弱。日本沒有針對「為什麼過去能夠獲勝」這項主題內省，所以也不知道自己放棄了日式經營的優點。
感受	**上述的經驗與哪些感受連動。** 驚訝、遺憾
價值觀	**從中發現哪些你重視的事情？** 聰明、謙虛、學習與進化
誰的需求	**誰能享受努力的結果？** 每個人、企業、社會、小孩子
哪種需求	**達成目的或願景，受惠者能得到什麼？** 每個人：激發潛能 企業：活用強處，對社會持續貢獻。 社會：讓社會改革所需的內省或交流普及。 小孩子：能繼承持續進化的社會。
影響力	**達成目的或願景之後，社會將產生什麼變化？** 每個人：感到存在的意義與幸福。 企業：加速創新 社會：形塑願景 小孩子：出現更多能夠改變社會的改革者
成功的評價軸	**如何評估達成目的或願景的成功？** 讓更多人、組織應用內省與對話，以及增加成功的實例

小小的願景也要重視

本書將願景定義為「對未來的企圖」。有些人覺得願景必須是宏偉的，但不管是改變世界的願景，還是改變周遭五公尺的願景，都是非常重要的願景。

比方說，開會的時候，你很討厭「明明開會是大家分享意見的場合，但大家都不願說出真正的想法」這種情況，並在在心中想像大家說出真話的「理想姿態」，這個理想姿態就包含了改變未來的願景。

為了實現這個願景而挑戰改變現場氣氛的話，說不定大家就敢暢所欲言。

對工作或生活有任何不滿時，先問自己為什麼會覺得不對勁或是不滿，再找出缺少的動機來源。

你應該能找到藏在心中的願望以及願望完成時的「理想姿態」。

所有的創業故事都有動機來源

讓我們以創業家的願景當成偉大願景的實例吧。許多創業家的願景都與生產產品或是實現服務有關，也能從身邊的服務一窺究竟。

即使是目前市值高達一百一十兆日圓的 Google 也有一段創業故事。Google 是由賴利・佩吉（Larry Page）與謝爾蓋・布林（Sergey Brin）這兩位史丹福大學校友創立的公司。搜尋引擎在當時的 IT 業界被視為賺不了錢、毫無魅力的生意，就連氣勢銳不可擋的微軟比爾蓋茲，也覺得搜尋引擎毫無商機可言。賴利與謝爾蓋之所以對搜尋引擎如此執著，與他們的動機來源有關。

在當時，搜尋引擎是以電視廣告模式的商業模式經營。只要支付高額的費用，就能在搜尋結果的前段班顯示廣告資訊。覺得這套模式很不合理的正是賴利與謝爾蓋。

他們兩個都在科學家的家庭長大，也在史丹佛大學進行研究，所以無法容忍被商業主義操弄資訊的搜尋引擎繼續存在，因為如果有人想為了生病的媽媽搜尋需要的藥品，很可能找不到真正需要的資訊，因為所有的搜尋結果都是由廣告費用進行排名。

他們也大喊「依照廣告費用決定搜尋結果排名，卻不以為意的世界有問題」。這就是以使用者為主的搜尋引擎「Google」的起源。

所有的創業故事都有與動機來源相關的「現實與理想姿態的落差」，以及創業者想要實現理想的「創意張力」。他們之所以能在心中描繪那個與現狀不同的未來，就是因為他們有動機來源。

【圖 1-8】Google 的願景

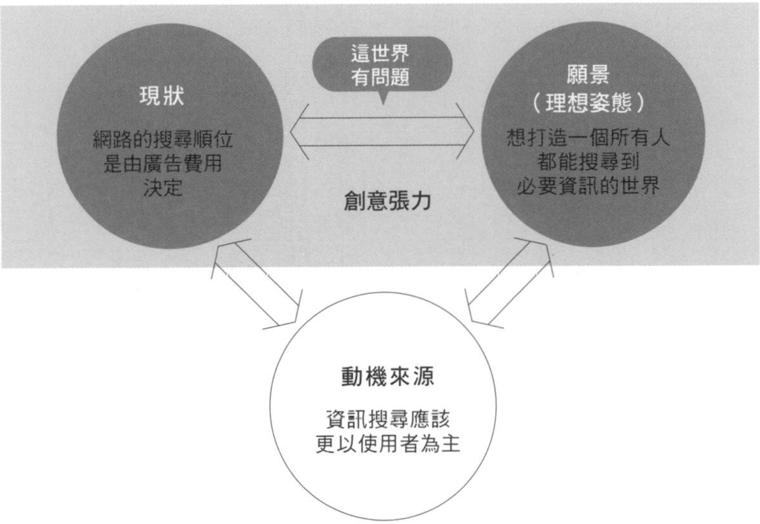
這世界
有問題
現狀
網路的搜尋順位
是由廣告費用
決定
願景
（理想姿態）
想打造一個所有人
都能搜尋到
必要資訊的世界
創意張力
動機來源
資訊搜尋應該
更以使用者為主

串連公司願景與個人願景

剛剛以個人願景為題材，說明了願景、動機來源與創意張力的相關係。接下來要說明公司透過內省讓願景傳播開來的方法。

想要強調願景的企業會舉辦願景說明會、經營者與員工的對談會、發送願景卡，透過各種方式讓所有人了解願景，**但對多數的員工而言，公司的願景不過是高談闊論的大道理**。大家是不是也有類似的經驗呢？如果大家也是團隊的負責人或許也有類似的煩惱。為什麼願景會這麼難傳播開來呢？

其實答案很簡單，因為公司的願景與個人的動機來源沒有任何連結。

如果公司只說明想要實現的目標，以及為了實現目標，對員工有哪些期待的話，願景是無法滲透到公司的每個角落的。所謂的滲透是指，在每個人心中，願景非常清晰的狀態。所以第一步要先從將這些願景變成切身之事的內省（五十七頁提到的「正在進行的內省主題」）開始。

「對你來說，這個願景變得清晰之後，具有什麼意義？」
「你為什麼想實現這個願景？」
「你的動機來源與這個願景有任何連動嗎？」

打造一個能夠回答上述問題的環境，願景就能確實地傳播開來。

公司的願景或許是從公司的起點開始滲透，卻也是由每個人的願景匯流而成的結果。

動機來源就像是偵測錯誤的感測器，能讓你的內心浮現理想的未來模樣。透過內省釐清「我想實現什麼，這件事對我有什麼意義」這個問題，願景就會一步步成為切身之事，而當每個成員都能夠回答這個問題，願景應該就會成為一股驅動組織的強大力量。

讓「邁向理想的力量」無限增強

當你釐清自己的願景，「想要變成這樣」、「想要改變現狀」的心情就會愈來愈強烈。【圖 1-7】曾提過，這種消除現狀與理想差距的能量稱為「創意張力」。

若沒有發現這股能量，就無法驅使它。要讓沉睡已久的創意張力覺醒，就少不了「正在進行的內省主題（五十七頁）」。當我們將願景轉化為切身之事，覺醒的創意張力將激發我們的潛能，提升解決課題的能量，我們也就能想到平常想不到的創意，也擁有面對困難的勇氣，以及衝破險阻的力量。

京瓷（Kyocera）創辦人稻盛和夫將突破僵局的創意命名為「神的低聲輕語」，他也提到，只有努力不懈的人，才能得到這個「天賜良機」。

稻盛和夫在其著作《心。》（Sunmark 出版）提到了他還是開發者之際的故事。當時稻盛和夫為了量產映像管電視的絕緣零件，而不斷地尋找連結陶瓷的材料（願景）。

就在不斷尋找材料的某一天，稻盛和夫被某個人丟在地上的實驗專用蠟絆了一跤。原本稻盛和夫想要大罵「是誰把這種東西丟在這裡」，他的視線卻被黏在鞋底的蠟牢牢吸住。原來這種蠟就是他找了好久的素材。對稻盛和夫來說，那時彷彿聽到了「神的呢喃」。這是為了以創意張力實現願景，努力尋找答案的人才能得到的「天賜良機」。

歐姆龍（OMRON）的創辦人立石一真將這個「遇到答案」的時間點，稱為「關鍵一瞬間」。

歐姆龍在開發日本首部自動驗票閘門時，遇到了最後一個課題。那就是該怎麼把每張從不同角度丟進閘門的車票整理成相同方向。找到這個答案的故事在技術人員的世界之中也非常有名。這個「關鍵一瞬間」是在開發者去溪邊釣魚的時候降臨的。這位開發者看到從上游流下來的竹葉在碰到石頭，輕柔地轉換了方向之後，便想到對齊車票方向的方法。他在票口附近安裝了小木片（以岩石為藍圖），讓車票沿著垂直的方向對齊。這個遇見竹葉的「關鍵一瞬間」讓這位開發者完成了日本首部自動驗票閘門。如果什麼事都不做，能夠從順流而下的竹葉想到車票嗎？由此可知這位開發者的創意張力有多強，足以讓他抓住遇見答案的瞬間。

創意工作是以「想實現○○」這種「想做什麼」為前提，而不是以「非做不可」為前提。強烈的「什麼」會轉化為創意張力，之後才有機會「遇到久思不得其解的答案」。

要讓創意張力甦醒，就必須啟動動機來源。這個形同重要價值觀的動機來源會轉化為探照燈，讓你看清自己對現狀的不滿，帶你找到你期許的「理想姿態」。當你想要成為理想中的自己，以及無論如何都想消除現實與理想的落差時，那個遇見答案的「關鍵一瞬間」應該就會降臨。

讓我們透過形塑願景的內省釐清與動機來源相關的「理想姿態」吧。假設工作也能與動機來源建立連結，我們就能從工作獲得許多喜悅與成就感。在消除現狀與理想的落差之際不斷內省，應該就能找到解決課題的脈絡。

利用創意張力實現願景的過程，往往是一連串的嘗試與失敗。

接下來，要為大家介紹在這個過程中不可或缺的「從經驗學習的內省」。

重點

○實踐「形塑願景的內省」，讓動機來源轉換成實現「理想姿態」的活力。

○「正在著手進行的主題的內省」可讓任何工作轉換成切身之事。

○弭平理想與現狀落差的能量稱為「創意張力」，可利用這股創意張力實現願景。

4 從經驗學習

當目的或願景與動機來源連動，衝向終點所需的能量就會一湧而出。不過，在抵達理想的姿態之前，應該會遇到各種難關。在此要介紹幫助大家跨越這些難關的「從經驗學習的內省」。

區分內省與反省

第一步要先跟各位達成一個共識。那就是內省與反省不同這件事。雖然內省與反省都是檢視過去經驗的行為，但檢視的目的卻不相同。

請大家回想一下過去的反省經驗。是不是在回顧那些無可挽救的錯誤之後，很後悔自己的一言一行或是心情變得很沉重呢？還有可能是被別人追究責任或是說壞話，全是一些令人遺憾的經驗對吧？

內省的目的在於從經驗學習，再利用學習結果面對未來。內省的前提是**「不管是成功還是失敗的經驗，都是因為曾經體驗過，所以才能有所得，才能將經驗變成智慧」**的信念。內省是為了透過經驗讓自己變得更有智慧。若能進行優質的內省，成功與失敗的經驗都會變成智慧。

由此可知，進行內省時，必須要能正面看待失敗。明明想要創造新的價值，卻因為過去的失敗而畏縮，就絕對無法創新。只做擅長的事情無法解決困難的問題，也無法成長與進化。

挑戰失敗時，覺得自己「辦不到」或是「以後一定辦得到」，會讓我們從經驗學到不同的東西。為了讓所有的經驗成為成長的資源，讓我們學會「透過經驗學習的內省」吧。

【圖 1-9】內省與反省的差異

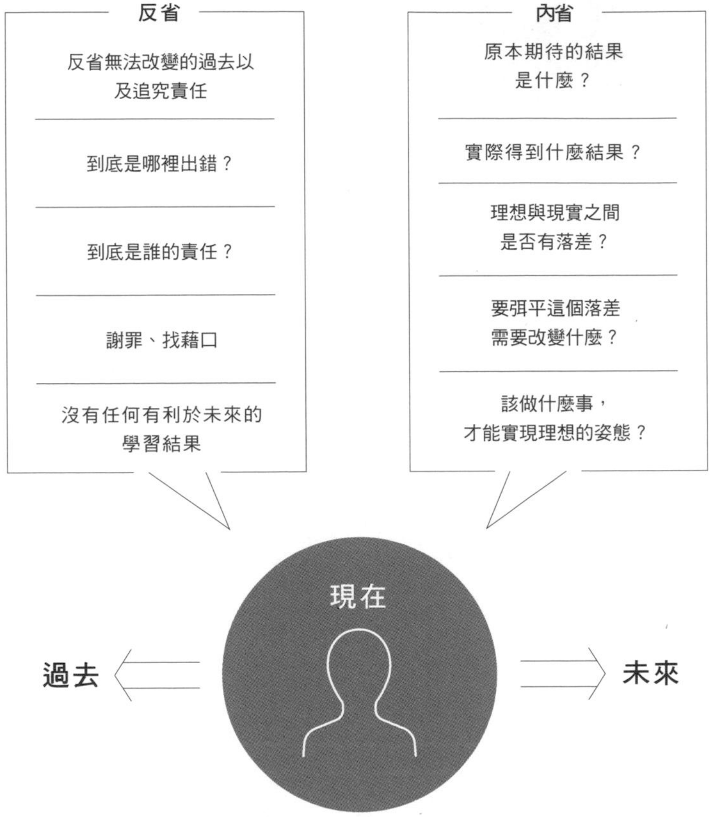
反省
反省無法改變的過去以及追究責任
到底是哪裡出錯？
到底是誰的責任？
謝罪、找藉口
沒有任何有利於未來的學習結果
內省
原本期待的結果是什麼？
實際得到什麼結果？
理想與現實之間是否有落差？
要弭平這個落差需要改變什麼？
該做什麼事，才能實現理想的姿態？
現在
過去
未來

POINT

內省是將過去的經驗應用於未來的行為

發自內心的內省有助於學習

從經驗學習的內省少不了美國教育理論家大衛・艾倫・庫伯（David A. Kolb）的經驗學習循環（【圖1－10】）。經驗學習循環共有四個步驟，分別是「①體驗、②回顧經驗、③發現規律、④行動計畫」，藉由這四個步驟的循環，提升從經驗學習的能力。本書在實踐庫伯這個經驗學習循環時，也會使用認知四種組合。

過去我曾花了十年左右的時

【圖 1-10】庫伯的經驗學習循環
（Kolb's experiential learning cycle）

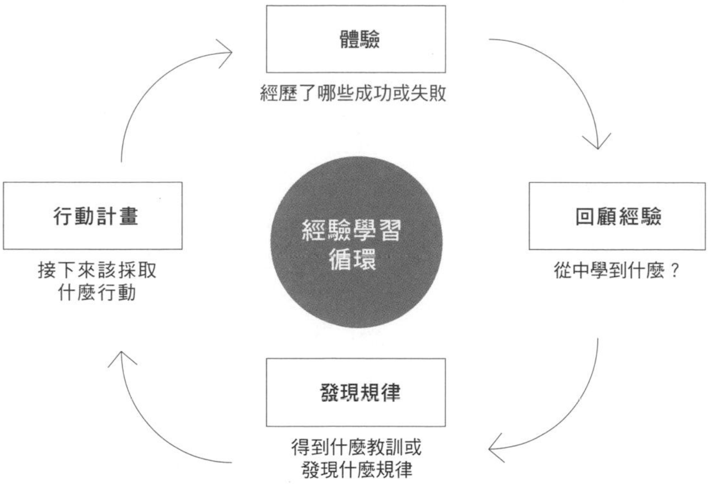

間，在經營三百五十間門市的教育事業公司培育區域經驗與店長。該組織的經營理想之一為「學習」，組織成員除了非常優秀，也非常樂於學習，也很認真地執行經驗學習循環。

不過，雖然都在執行經驗學習循環，有些人可透過學習成長，有些人卻辦不到。後來我才知道，原因出在經驗學習分成四個等級。如果只做等級較低的內省，將無助於成長。

經驗學習分成下列四個等級。

等級一：結果的內省

等級一就是針對發生的事件或結果進行內省。這種認清事實的內省固然重要，**但如果對於經驗的回顧只停留在這個等級，無法將經驗轉換成學習結果。**

等級二：他責的內省

等級二是針對他人或環境的內省。不管花多少時間檢討他人或環境，也無法得到改變未來的靈感。

在進行培育人才的內省時，很多人都停留在等級二。煩惱「明明花了很多時間指導，部屬卻毫無長進」的人，會將所有的心思放在部屬的課題。但我要告訴大家，千萬不能只這麼做。要想改變狀況，就得先把部屬的課題擺到一旁，針對自己參與的方法以及指導方法進行內省。

等級三：行動的內省

等級三是針對自己的行動內省。**回顧自己的行動與結果，就能知道接下來該採取什麼行動**。不過，大家或許也有過「回顧自己的行動，卻無法改變狀況」的經驗。

如果回顧經驗以及採取對策仍無法解決課題，就必須將注意力轉向行動的前提，也就是自己的內在。

等級四：內在的內省

等級四是針對內在的內省。利用認知四種組合回顧行動前提的主張（從過去的經驗導出的法則），**就能從俯瞰的角度審視行動的前提與自己的想法**。本書將為大家解說等級四的「從經驗學習的內省」。

我們的行動前提都有「這樣做，應該就沒問題」的想法，就算我們沒發現，其實我們每天都是根據從經驗累積而來的智慧採取行動。

可說，從經驗導出的成功法則不一定都適用。**這時候我們就必須回顧覺得「這樣做，應該就沒問題」的自己與內在**。

在這個變化急遽的時代裡，因循前例有一定的風險，所以回顧自己的內在，培養等級四的內省習慣也愈來愈重要。

【圖 1-11】內省等級

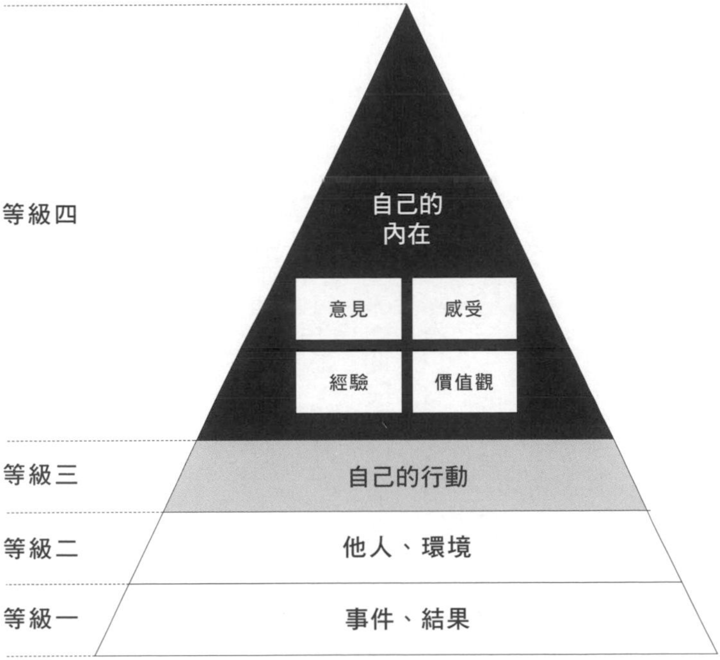

POINT

內省的等級愈高，就能從經驗中學習愈多

現在能獨力完成的工作愈來愈少，愈來愈不能忽略別人或環境。但是，當我們正確認識別人的狀況或環境，再思考「自己的假說又如何？」「該做哪些改變才能更接近『理想姿態』」，就是幫助自己成長的內省。

找出無法改變行動的理由

了解自己行動的前提究竟有何好處？

假設有人一直煩惱「明明很想培育部屬，部屬卻一直不成材」這個問題。明明是因為自己很優秀，所以才有了部屬，卻一直捨不得放下成功的經驗，最後甚至把部屬的工作拿過來自己做……說不定大家身邊也有這樣的人。

很想改變自己的行動，卻一直改變不了的時候，代表選擇不改變的理由比較正當。比方說，在「指導部屬很重要，但在期限內完成工作也很重要」這種進退兩難的局面下，只進行等級三的「行動的內省」也很難改變行動。

我們之所以會採取行動，一定是基於正面的理由。會把部屬的工作拿過來自己做的人有可能認為恪守期限以及責任感比較重要，所以當他以這個價值觀為優先，「培育部屬」這個目的就會從腦海中消失。此時惟有只有進行等級四的「內在的內省」，客觀地檢視自己的內在，才能改變這個狀況。

讓我們透過實例了解客觀檢視自己的內在，究竟能看到什麼吧。

身為主角的成功體驗的內省

意見　工作的品質與速度非常重要，一直以來，都是因為對工作負責而獲得好評。

經驗　一直以來，都為了締造理想的成果而拼命工作，也不斷地思考該怎麼做，才能提升工作品質以及有效率地完成工作。上司與同事也常說工作交給〇〇就沒問題了。

感受　開心

價值觀　責任感、工作的品質與速度由此可知，過去身為主角的成功體驗形成了重要的價值觀，而這些價值觀也支持著現在的行動。

針對培育部屬的經驗進行內省

意見	自己做比較快。在期限之內完成工作才是負責任的表現。
經驗	再怎麼指導部屬，部屬也不會成長，無法到達期待的工作品質。明明已經教過，卻又一直跑來問。雖然花了不少時間指導，最後卻用盡了所有時間，只好我接手自己做。指導部屬真的是太浪費時間了。
感受	遺憾
價值觀	責任感、工作的品質與速度

由此可知，再怎麼指導，部屬都不成材的遺憾是讓人放棄培育部屬的理由。

故事之中的主角雖然知道培育部屬很重要，但是之所以會把工作拿回來自己做，是因為他認為對工作負責以及工作的品質與速度更重要。

責任感、工作的品質與速度都非常重要，但是公司希望他扮演上司的角色，幫忙培育部屬，所以要進入下個階段就必須挑戰培育部屬。

在進入下個階段或是踏足未知的世界時，過去的成功體驗將不再管用。這是每個人都會遇到的課題。在這個事例之中，讓自己得以成功的責任感、工作的品質與速度反而成為培育人才的障礙，但這時候一定要以後設認知的方式認清自己的內在，找出現在的自己最該先做的事情。

若問進行經驗學習的等級四的「內在的內省」有什麼好處，那就是**能在面對眼前的課題時，察覺自己的思維**。這個思維的前提包含過去的經驗，也就是「這麼做應該沒問題」的成功體驗。

當我們習慣內在的內省，就會發現所有的行動都有正面的理由。不管結果如何，在採取行動時，都會有「只要這麼做，應該就會順利」的假設。不過，我們也在前面的人才培育事例發現，當這個假設是奠基在過去的成功經驗，就無法保證未來一定會成功。

透過內在的內省改變自己的想法，就能重新定義課題，也會知道接下來該採取什麼行動。

我們的大腦內建了從經驗學習與活用學習成果的機制。這項學習機制非常重要，因為能讓我們遠離危險，所以不需要懷疑所有事情的前提。**內在的內省是在過去的方法不管用的時候，或是覺得不知道該怎麼做的時候，幫助我們前進的關鍵。**

實作：從經驗學習的內省

接著要介紹回顧經驗的方法，也就是進行「從經驗學習的內省」的步驟。這個內省的目的在於了解從經驗學到了什麼，以及運用學習結果。以此為前提，學習的效果就會更加顯著。

步驟一：回顧計畫

計畫 之前有什麼計畫？

假說 之前有什麼假說？

假說的前提 這個假說的前提有什麼經驗、感受與價值觀？

釐清假說，就能提升等級四的「內在的內省」的品質。

步驟二：預設的結果與實際的結果

預設的結果 一開始預設了什麼結果？

實際的結果 實際得到什麼結果？

步驟一與二可釐清回顧的目的。

回顧的目的在於消除現狀與理想的落差。為此，必須確定預設的結果與實際的結果有多少落差，這也是內省的起點。

步驟三：回顧經驗

經驗 之前有什麼經驗？

經驗的分析 有哪些順利與不順利的事？

感受 這些經驗與哪些感受連動？

這個步驟的重點在於具體回想經驗。

確定這些經驗具有哪些意義之後，便能從經驗學到更多東西。

步驟四：從經驗學習

順利的情況

理由 為什麼會順利？

不順利的情況

理由 回到採取行動之前的話，應該改變什麼？

步驟四的目的，在於確定「從經驗中學到什麼」。

就算事情順利，將理由寫成白紙黑字，就有可能從中找到複製成功的法則。至於不順利的情況，則可以反問自己「回到採取行動之前，應該改變什麼」，就能得到「早知道就這麼做」的學習成果。

步驟五：法則的定義

法則 從內省知道了什麼？論點是否因為上述的經驗而升級？試著定義法則。

重新解讀步驟一至四的答案，就能知道上述的經驗有何意義，也能全面檢視從經驗學到的東西。我們的認知會選擇部分的經驗，再將焦點放在特定的事物上，從中找出學習的線索。

此外，就算是同樣的經驗，在每個人眼中的意義都是不同的。與別人交談，從不同的角度回顧經驗，就有機會得到更多的收穫。

步驟六：行動計畫

行動計畫 從經驗學習到的成果該如何於下次的行動應用？

知道自己從經驗學到什麼之後，可試著規畫將這些學習成果應用在下次的行動。
到此，從經驗學習的內省算是走完一輪。

步驟七：疑問

疑問 現階段是否有沒學會或覺得有疑問的地方？

闡明疑問就能提升從過去的經驗找到答案的機率。

本書透過前述的七個步驟說明了「從經驗學習的內省」。有機會的話，請大家在回顧重要的行動與事件時，試著進行「從經驗學習的內省」。也可以使用九十一頁的簡易版每天進行內省。

實作三　從經驗學習的內省

前述的事例回顧了與部屬手把手的指導。為了規畫職涯而進行了一對一的面談。由於是獨當一面的部屬，所以就算還不太明朗，這位部屬應該已經有自己的職涯規畫，也準備進行面談……。

步驟一　回顧計畫

計畫		**曾有哪些計畫？** 利用開放式問題引起深藏在他內心的職涯規畫
計畫的假說	假說（意見）	**曾有哪些假說？** 部屬應該有抽象的職涯規劃
	假說的前提（經驗）	**形成這個意見（假說）的前提是哪些過去的經驗（包含已知的事情）？** 過去自己也有過無法具體描述職涯規畫的時期， 但是被作為導師的前輩問了一些問題之後， 職涯的願景就變得明朗了
	假說的前提（感受）	**這個經驗與哪些感受連動？** 開心
	假說的前提（價值觀）	**從中發現了哪些重要的價值觀？** 願景可透過提問變得更清晰

步驟二　假設的結果與實際的結果

假設的結果是什麼？	⟺	實際的結果又如何？
幫助部屬塑造職涯願景，讓部屬找到動機來源		無法幫助部屬塑造職涯願景。

步驟三　回顧經驗

回顧經驗	
	曾有哪些經驗？ 希望一再提出開放式問題，幫助部屬找到深藏於內心的職涯願景。儘管花了一小時與優秀的部屬對話，優秀的部屬也很認真面對眼前的業務，卻知道他沒思考過自己的職涯願景
	曾有哪些順利的事情？ 知道他對現在的工作很有衝勁。 知道他不會對沒有職涯規畫這件事感到不安。 也知道對很滿意現在的工作，覺得自己正透過工作一步步成長
	曾有哪些不順利的事情？ 發現部屬沒有思考職涯願景的習慣
	與這項經驗連動的感受是？ 驚訝、開心

步驟四　從經驗學習

理由	（順利時）思考為什麼會順利？ （失敗時）如果有機會回到失敗之前，會改善什麼？ （失敗時） 要是從說明職涯規畫的意義或是其他人的職涯規畫實例開始就好了。

步驟五　定義法則

法則	**透過內省明白什麼事情？試著重新定義法則。** 即使是優秀的部屬也不見得已經規畫了職涯。不是每個人都跟自己一樣，有心想要開發自己的職涯。有些人不知道職涯規畫的意義，也不知道該如何採取具體的行動。

步驟六　行動計畫

行動計畫	**該如何把學到的經驗應用在下次的行動？** 製作一份簡報，清楚說明職涯規畫的意義以及該怎麼採取行動。

步驟七　疑問

疑問	**現階段還有什麼沒學到、感到困惑的事情？** 關於職涯的願景是怎麼在心中形成的，要規畫職涯需要哪些經驗？

實作四　從經驗學習的內省 簡易版

預設的結果是什麼？
透過自我介紹營造好印象。

⟷

實際得到什麼結果？
成功地完成自我介紹，也留下了好印象。但有點緊張，沒辦法營造「開心的自己」這種印象。

計畫	計畫	**原本訂立了什麼計畫？** 由於是在線上自我介紹，所以準備了 PowerPoint 的投影片，也進行了一些練習，以便正式上場
計畫	假說	**作為計畫前提的假說（判斷基準）是什麼？** 使用 PowerPoint 的投影片就能傳遞比口頭傳遞更多的資訊。透過練習讓自己說得更流暢。
經驗	經驗	**得到什麼經驗？ 有哪些部分成功，哪些部分失敗？** 練習有一定的成效，所以能流暢地介紹自己。 有點緊張，所以用字遣詞太過僵硬。
經驗	感受	**這項經驗與什麼感受連動？** （簡報時）緊張、（簡報結束後）放鬆 （整件事結束之後）覺得美中不足
學習	從經驗學到的事	**（順利時）思考為什麼會順利？** **（失敗時）如果有機會回到失敗之前，會改善什麼？** ○練習有一定的成效，所以能流暢地介紹自己 △如果事先知道一緊張就會使用太過生硬的詞彙，就應該將平常「幽默的一面」放在簡報裡面。
學習	定義法則	**透過內省明白什麼事情？** 自我介紹不只是分享資訊，還要說明自己是怎麼樣的人。應該在正式介紹自己的時候，想想該怎麼呈現開心的一面。
學習	行動計畫	**該如何把學到的經驗應用在下次的行動？** 試著在正式介紹自己的時候，想想該怎麼呈現開心的一面。

比起獨自進行從經驗學習的內省，與同伴一起進行可以學到更多東西。該從名為經驗的龐大資訊之中，內省哪些經驗，以及賦予這些經驗意義，每個人的情況都不一樣，因為每個人對於經驗的認知都有不同的偏見。

與夥伴一起進行從經驗學習的內省，可迅速發現自己注意哪些事情以及想了解哪些事情。與夥伴分享學習成果，可以得到一個人無法學到的東西。

重點

○只有內省可以將經驗轉換成智慧，反省過去無法將經驗轉換成智慧。

○從經驗找出普遍的法則，升級自己的論點

○賦予經驗意義，了解選擇學習是自己的認知（知覺對判斷），並在回顧重要的經驗之際，尋找他人的協助。

5 從多元的世界學習

接著要介紹「對話」這種學習方式。對話常被視為溝通的方式，但其實**對話是幫助我們學習的力量**。

我們的認知都只是事物的某一面，所以我們總是仰賴有限的經驗與知識判斷事物。為了拓寬視野，更深刻地思考事物，以及「反學習」（放下學會的東西），需要「對話」這種學習方式。

對話是**內省自己、不進行預判，與別人產生共鳴的傾聽與交談**。所以無法內省的人就無法對話。

對話分成三個步驟。

■步驟一　利用認知四種組合內省自己的想法
■步驟二　控制感受，不進行任何預判
■步驟三　透過認知四種組合傾聽對方的意見，與對方產生共鳴

這三個對話的步驟不僅要對抱持相同意見的人進行，也要對意見不同的人以及完全無法產生共鳴的人進行。

透過對話加深思考，從不同的面向與角度綜覽事物是學習的基本動作。總是以為老師是對的，被「正確解答只有一個」的學校教育汙染的我們，有可能會覺得對話是在浪費時間，但現在已經不是能憑一個人的已知與見解得出答案的時代。在遇到沒有正確答案的課題時，對話是幫助我們找到答案的手段。

曾在美國常春藤聯盟的大學留學的學生，曾如此形容在日本大學的前所未有的體驗。

某位學生在某堂課對曾經獲頒諾貝爾獎的物理學教授說：「你的想法太天真了」，而這位歡迎學生挑戰他的教授便反問學生「為什麼你會這麼覺得呢？」當教授與學生開始對話後，其他的學生也跟著參戰，整堂課變成深度對話的場域。一位學生的尖銳言論讓教授認真了起來，也不斷地刺激每一位學生的想法……這就是對話的精髓。

對話是客觀內省自我與內在的機會，也是跨越自我，向外界學習的機會。得到對事物全新的看法可幫助我們的思考更靈活與激發創意。

利用認知四種組合進行對話

一般來說，在會議這類場合陳述意見時，都會將焦點放在「自己的意見有多麼正確」這件事。如果能井然有序地說明，也沒有任何反對的意見，那當然是再理想不過的事。目標就是讓所有人認同自己的想法。

另一方面，**對話並不是一個人的看法，而是吸收不同的觀點，讓意見更精練**，對話的目標則是讓各種判斷基準變得更具體以及提升意見的品質。為此，進行對話時，會將注意力放在作為意見背景的判斷基準以及對事物的看法。

所以大前提是以自己的意見為對話的題材，透過對話互相學習，藉此找出最佳的答案，並且認為這樣的過程是有意義的，而不是將目標放在讓自己的意見得到眾人認同。如果能在會議對話，會議就會變成活用群智，共同創造最佳答案的場域。

進行對話時，不能對自己的想法太過執著，也不能有任何成見，因為沒有成見，才能踏出自己的框架。若能在遇到抱持著相反意見的人的時候，不做任何預判，選擇傾聽對方的意見，才算是學會對話。

傾聽意見不代表贊成對方的意見，但仍然需要與對方的想法產生共鳴，而這時候認知四種組合就能派上用場。我們可以依照三十一頁「與部屬一對一面談」的方式，也就是將利用認知四種組合內省自身意見的方法，套用在對方的意見上。

即使是完全不認同的意見，只要能透過下列三種觀點傾聽，就能產生共鳴。

■對方有哪些經驗？

■對方的意見與哪些感受連動？

■對方重視的是什麼？所以才對自己的意見那麼執著嗎？

如果能直接詢問對方，不妨試著問問看。如果不行的話，不妨一邊傾聽對方的說法，一邊試著想像上述三個觀點的答案。不管是什麼意見，其背景都一定摻雜著經驗、感受與價值觀。

對話能讓我們了解在自己這條界線之外，還有哪些經驗與看法。只針對自己的內在進行內省，無法擴展自己這個框架。**內省與對話可讓我們跨越自己這個框架與進行學習，再將學習成果轉化為自己的能力**。

若能習慣透過認知四種組合理解對方的想法基於何種背景，就會明白對方不是在反對我們的意見，而是「想要保護自己最重要的價值觀」，如此一來，就算遇到反對自己的人，也比較不會那麼不愉快。

【圖 1-12】利用認知四種組合進行的對話

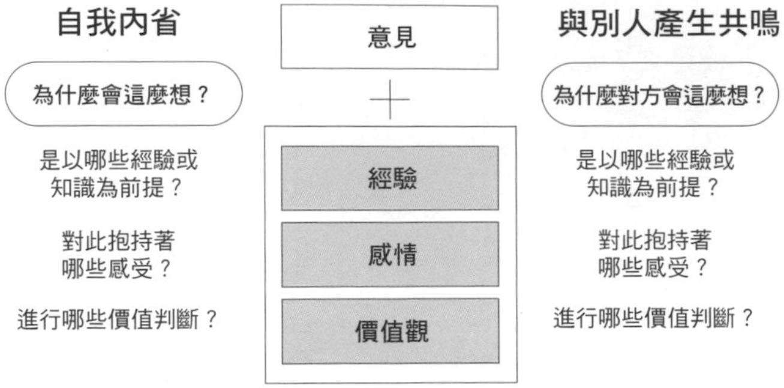
自我內省
為什麼會這麼想？
是以哪些經驗或
知識為前提？
對此抱持著
哪些感受？
進行哪些價值判斷？
意見
經驗
感情
價值觀
與別人產生共鳴
為什麼對方會這麼想？
是以哪些經驗或
知識為前提？
對此抱持著
哪些感受？
進行哪些價值判斷？

POINT

透過認知四種組合傾聽對方的意見吧

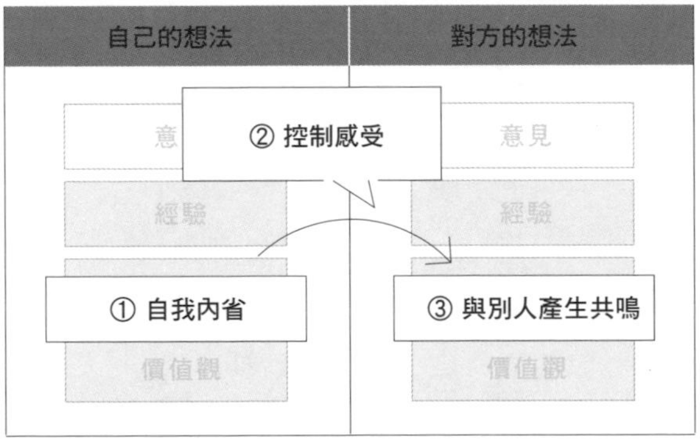
自己的想法
對方的想法
② 控制感受
意
意見
經驗
經驗
① 自我內省
③ 與別人產生共鳴
價值觀
價值觀

POINT

與反對自己的人產生共鳴
可跨越自己這個框架與向外界學習。

對話這項習慣還能在與人對話之外的場合應用。當我們覺得時代或新聞的變化快得令人吃驚與難以置信時，代表其中有我們未知的世界。

讓我們透過內省思考為什麼會感到驚訝與難以置信吧。

時時探索未知的世界，積極地了解未知的世界之中，還有哪些經驗與價值觀，可幫助我們拓寬自己的世界。

重點

○將對話視為面對內在的機會，並且在進行對話時，養成以認知四種組合進行內省的習慣。

○傾聽別人的意見時，要控制自己的感受與放下成見

○傾聽別人的意見時，不要摻雜自己的解釋（不要套用自己的經驗與價值觀），還要傾聽對方的認知四種組合。

○稅過對話從多元的世界學習，擴展自己的世界

6 反學習

反學習（Unlearn）是在 learn（學習）前面加上 un（反向操作）所組成的詞彙，意思是放下過去的學習成果（成功經驗）。

當你學會透過對話框俯瞰別人的意見之後，可學習打破自我窠臼的反學習。此時將會用到放下透過經驗得到的學習成果的內省。

與時代的變遷一起變得陳舊的不只是知識。只有能憑著自我意志進行學習，讓自己的心理建設變得樂觀開放的人，才能得到幸福的人生以及成功的職涯。

反學習能幫助我們創造新的價值。思考靈活的人通常能把自己的常識丟在一旁，

【圖 1-13】為了反學習的內省

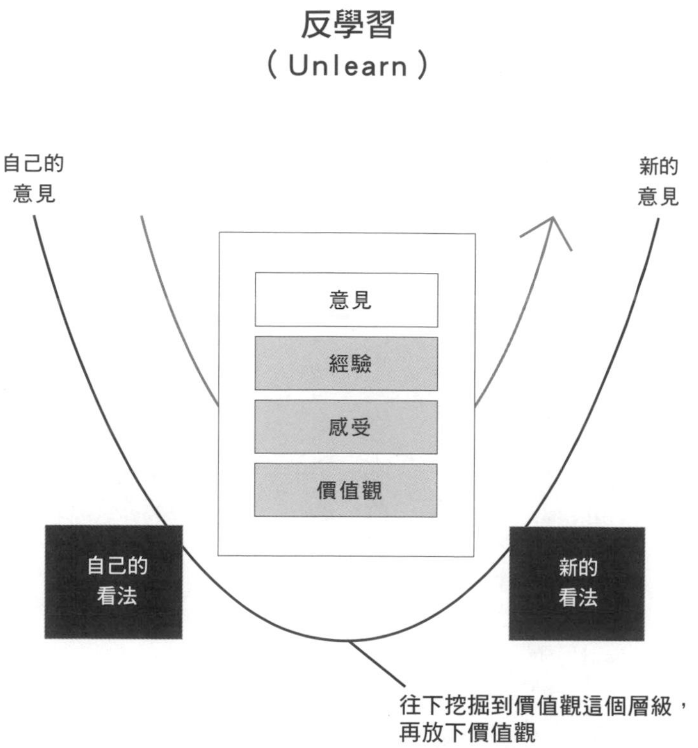

POINT

■當自己這個框架阻礙我們前進時，需要能放下過往經驗與看法的反學習提升後設認的能力，可幫助我們快速放下過去的成功經驗以及相關的看法

■提高後設認知，就能輕易拋棄從過去的成功經驗所得到的見解

以不同的框架與前提重新檢視事物。

反學習的內省是為了改變作為前提的看法。請大家先了解這個目的，再繼續往下讀。

行至無路時，就試著反學習

反學習的內省通常是在過去的方法行不通，或是過去的看法不再管用時進行。

有時候會覺得過去的方法似乎已經不再行得通，有時候也會切身地感受到，大環境產生了明顯的變化，過去的招數已不再管用，這時候，為了反學習的內省就能派上用場。

當你拼命朝著目標奔跑時，你的創意張力應該會告訴你何時該反學習。一旦「那個時候」來臨，你便會問自己「再這樣下去可以嗎？」如果不改變自己，是不是就會遇到困境，也覺得情況有些不妙。

此外，要想知道何時該反學習，就必須擁有與動機來源有關的願景（五十二頁「形塑願景」）。如果你很想（創意張力）消除現狀與理想的差距，就會發現維持現狀，將等不到光明的未來。

目標明確、充滿鬥志的人往往發現過去的方式已不再管用，不過，通常會試著改善自己的行動，試著打破眼前的僵局。舉例來說，如果跑五十位客戶沒辦法達成目標，就跑八十位客戶，試著重新檢視行動計畫。

只是懂得思考「問題出自內在」的人並不多。比方說，去顧客那邊跑業務的時候，若不懂得隨著顧客的需求調整自己，不管跑再多客戶，也無法締造理想的成果。

當事情不如預期時，請先內省自己的內在，不要先向外尋找答案。在嘗試不同的方法之前，**先檢視自己對事物的看法有沒有問題**。為了反學習的內省應該會提供你源源不絕的成長動力。

透過反學習讓新世界成為「切身之事」

進行反學習的時候，可試著想像成功反學習的人是什麼模樣，實際傾聽他們的經驗，**試著透過他們的經驗想像他們的世界**。

這個步驟的重點在於反學習不勉強自己接受新創意。要成功反學習，就必須打從心底接受對新事物的看法，所以**必須找到與這個看法連動的正面經驗與感受**。

就算基於「不得不接受」的理由接受對新事物的看法，成功改造了自己的想法，但其實不是由衷地接受，所以一旦實踐這個看法，還是會不自覺地依賴過去的成功體驗，沒辦法持之以恆地實踐對新事物的看法。

此外，若不從價值觀的層級認同反學習的世界，還是很有可能不知不覺沿用過去的成功經驗進行判斷。

反學習的終點是將全新的世界視為「切身之事」，而且所有的判斷都與反學習之後的世界觀一致。大家不會覺得在面對一波接著一波襲來的變化時，隨波逐流是件很無趣的事嗎？

實踐為了反學習的反省之後，將從自己的價值觀了解與認同變化，也就能進行反學習，最終就能主動適應變化，而不會被迫面對變化。

實作：為了反學習的內省（簡式）

接著要介紹兩種針對反學習的內省。這種內省的難度較高，所以會先介紹簡式，之後再介紹複式的「改造自我的內省」。

「針對反學習的內省　簡式」可透過下列三個步驟進行。

- 步驟一　過去成功體驗的內省
- 步驟二　想像反學習之後的世界
- 步驟三　反學習

【圖 1-14】反學習技巧：對話的思考

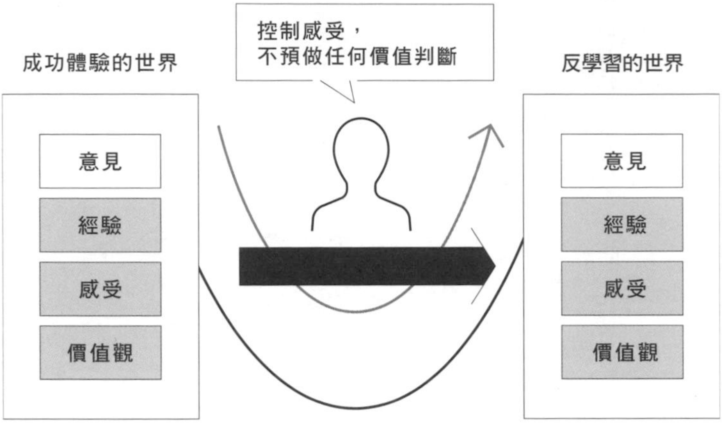

POINT

■反學習的成功要件為三個步驟

步驟一：過去成功體驗的內省

步驟二：想像反學習之後的世界

步驟三：反學習

■在進入步驟二之前，必須控制自己的感受以及不預做任何價值判斷。

步驟一：過去成功體驗的內省

回顧過去　回顧過去的成功經驗吧。

價值觀　根據過去經驗形成的看法與判斷基準（價值觀）是什麼？

感受　與成功體驗連動的感受是什麼？

重點在於了解過去的成功經驗以及從這些經驗衍生而來的看法，與哪些感受連動。

其實前面也曾提過，反學習之所以困難，不在於放棄原有的看法，而是**反棄與這些看法連動的感受**，所以針對那些來自成功體驗的感受徹底內省，從感受的層面了解自己不想放棄的是哪些感受，而不是從邏輯層面進行分析，才是反學習的重點。

許多人都會跳過這個步驟，以「不得不為」的理由進行反學習，但只要沒有放下過去的成功經驗，只改變了自己的意見，就無法將新事物的看法納為己用。

要放下那些從過去的成功經驗衍生而來的看法，就必須了解那些過去的成功經驗對你有什麼意義。

請承認「那些過去的成功經驗以及從這些經驗衍生的看法，是支持你走到今天的關鍵」，並且不吝給予鼓掌。

這時候不需要與過去的成功經驗告別，只需要讓自己與過去的自己再多相處一會兒。

實作五　針對反學習的內省

A 先生擁有卓越的領導風範與包容力，是一位能帶著組織前進的經理。領導力得到好評的 A 先生被分派到 DX 新事業開發團隊。這個被公司賦予創新任務的團隊需要的不是由上而下的管理方式，而是需要培育架構扁平與開放的組織文化。A 先生知道過去的方法可能不再行得通，但是又該怎麼辦呢？

步驟一　過去成功體驗的內省

回顧過去	**回顧過去的成功體驗** A 先生曾在學生時代參加社團活動，這些社團理所當然地有所謂的學長學弟制，當他還是低年級的時候，對學長非常的崇拜，也拼命地練習，想讓自己追上前輩的腳步，最終他也真的成長了。 等到他成為別人的學長後，也是不斷地鞭策自己，讓自己成為學弟的榜樣。他非常尊重學長學弟制，也因為這層關係，覺得這個制度非常重要。 教練與學長雖然很嚴格，但 A 先生覺得，就是有過去這段時光，才有現在的自己。不到最後絕不放棄的意志力與努力的習慣讓他得以在職場有所斬獲。他雖然覺得辛苦，但都是與大家一起，所以才能一直努力下去。 進入社會之後，他利用這段社團活動的經驗管理組織。還是新人的他總是看著前輩的背影偷學，也督促自己追上前輩的影子。隨著年資漸深，輪他擔任經理時，他也非常努力，讓自己成為部屬心中的憧憬。他一直覺得，團隊的成員非常信賴自己
價值觀	**根據過去經驗形成的看法與判斷基準（價值觀）是什麼？** 學長是心中的模範，是值得尊敬的表率，學長也很信任他 學弟要努力追上學長，鞭策自己 團結一致的組織、規律與文化扎根的組織 透過信賴交織而成的人際關係
感受	**與成功體驗連動的感受是什麼？** （有值得效法的學長）開心、自豪 （以學長為目標而努力）痛苦、喜悅 （與夥伴切磋）喜悅 （因為社團活動而成長）開心、自豪、自信

步驟二：想像反學習之後的世界

採訪

試著想像反學習之後的世界，或是採訪住在那個世界的居民

認知四種組合

試著針對採訪心得內省。

這時候還不需要放下那些從過去的成功經驗衍生的看法。這個階段的重點在於不預做任何價值判斷，試著想像與俯瞰那個位於自己之外的世界。如果一個人無法具體想像的話，可請教成功反學習的人。**想像力是反學習的重要技巧之一，請務必透過別人的經驗想像反學習之後的世界。**

步驟二　想像反學習之後的世界

A 先生無法憑一己之力想像扁平的組織，所以請教了將敏捷式開發導入公司的團體成員。

採訪	**導入敏捷式開發的團體成員的經驗** 導入敏捷式開發之後，八人小組一同制定計畫。以一天、一週、一個月的循環一起回顧採取的行動與行動結果，再一步步推動開發。 由於根據目的訂立了計畫，所以能知道自己貢獻了多少，這也是敏捷式開發的特徵，而且還能在回顧之後，提出修正軌道的方案。 每位成員都很自主，能完成自己的使命，是扁平式組織的魅力。這種組織沒有上下關係，只有「彼此該遵守的規範」。這不代表是沒有約束力的組織。 所有團體成員都從別人得到信賴，也覺得彼此尊重彼此。每個人都對工作樂在其中。
採訪心得	**採訪之後，A 先生了解扁平式組織的各種魅力。** 其中一種魅力就是成員的自主性很高。 所有人都以自律為前提，主動提出修正路線的提案，這也是 A 先生未曾見識過的團隊。 A 先生也知道扁平式組織是否會成為沒有約束力的組織，全由團隊負責人決定。建立具體的框架，與所有團隊成員分享目標與使命的話，自己似乎也做得到。 與他之前的做法的不同之處在於建立具體的框架，以及一起制定計畫與回顧。 他也覺得這豈不是無法自行決定任何事嗎。

採訪之後的內省 利用認知四種組合整理採訪心得	
意見	雖然有點不願意讓組織從重視上下關係的模式，轉型為扁平式的架構，**但在採訪之後，A 先生發現這兩種組織其實有許多共通之處**。他也發現扁平式組織可締造理想的成果，而且還能提升成員的自主性與促進成長。 此外，組織的秩序也得以維持，人際關係也不會因此變得鬆散，還能維持對彼此的尊敬。
經驗	從前述的採訪聽到的事情（111 頁）
感受	（首次面對的事情）有點害怕 （似乎值得期待）興奮
價值觀	規律、責任、成長、自主性、人際關係、信賴與尊重

步驟三　反學習

反學習	**經過步驟一與二之後，了解了什麼？** **你要針對什麼進行反學習？** **要轉型為扁平式組織不代表要放下過去的成功經驗，以及自信與自豪。** 此外，必須放下成見，告訴自己轉型為扁平式組織之後，不會失去重視規律、責任、信賴、尊重的人際關係。 此外，若能放棄命令部屬行動這種發號施令的模式，反學習就結束了。

步驟三：反學習

學習 經過步驟一與二之後，了解了什麼？

反學習 你要針對什麼進行反學習？

步驟二的重點是想像與俯瞰位於自己之外的世界，所以步驟二的階段已經開始反學習。步驟三則是將反學習的結果以及得到了哪些新看法寫成白紙黑字。

實作：改造自我的內省（複式）

接著要介紹改造自我的內省。這是參考成人心智發展理論專家羅伯特・凱根在其著作《變革抗拒：哈佛組織心理學家教你不靠意志力啟動變革開關》（*Immunity to Change: How to Overcome It and Unlock the Potential in Yourself and Your Organization*）介紹的「變革抗拒地圖」這種自我改造方式開發的內省。

凱根認為人之所以不會改變，在於內心的既有觀念。

每個人應該都有想改變卻無法改變的經驗。在這種時候，「想改變的理由」與「不改變比較好的理由」同時存在。同時針對這兩個理由進行內省，實踐想要的改變，就是改造自我的內省。

這種內省可透過下列五個步驟進行。

讓我們根據「實作六：改造自我的內省（複式）」的事例，確認每個步驟的意義與目的。

步驟一：選擇要改善的主題

意見　改善目標的主題是？

經驗　針對這個改善目標有什麼經驗？

感受　這個經驗對哪些感受連動？

價值觀　從中可以發現哪些是你重視的價值觀？

實作六 改造自我的內省（複式）

這次的事例是「改善對拒絕改變的人的看法」。

步驟一 選擇改善的主題

改善的主題（意見）	**改善目標的主題是？** 就算是對改變抱持著負面印象的人，也與想要改變的人一樣，覺得改變很重要。 所謂對改善抱持負面印象的人，通常是還沒認知到改善的必要性，不然就是（看起來）覺得維持現狀就好的人，通常是董事、部長這些高層的人。
經驗	**針對這個改善目標有什麼經驗？** 他們不想要改變，也不覺得改變有什麼種要，所以必須跟他們說話的時候，能量都會下降，口齒都會不清。 由於知道這些人的想法，所以某個程度也認同他們。 「明明不改變，未來就會變得暗淡……」在這種感受下結束會議之後，只剩下負面的感受、壓力與白忙一場的感覺。
感受	**這個經驗對哪些感受連動？** 遺憾、難過、憤怒、痛苦、緊張、壓力
價值觀	**從中可以發現哪些是你重視的價值觀？** 進一步改變、變化、學習與負責人的責任

步驟二：在決定改善的目標時，先找出改善之前的行動與恐懼

行動 改善之前的行動是什麼？

感受 與改善之前的行動連結的恐懼是什麼？

步驟三：向下挖掘藏在感受背後的價值觀（找出根深蒂固的既有觀念）

價值觀 因為重視什麼，才會產生那類感受？試著找出與感受連動的價值觀。

經驗 那些價值觀是根據哪些經驗形成的？

正面的影響 那些價值觀對人生有什麼幫助？

負面的影響 那些價值觀對人生有什麼阻礙？

步驟二　在決定改善的目標時，先找出改善之前的行動與恐懼

行動	**改善之前的行動是什麼？** 容易示弱 避免尖銳的發言 容易緊張 不善言辭 會說出「那真的很難對吧」這種與別人的共鳴 會說出體諒對方的話 覺得無力、疲勞
感受	**與改善之前的行動連結的恐懼是什麼？** 覺得無法改變、無法拿出結果很無力 對未來絕望 覺得錯過機會很可惜 害怕被別人發現自己覺得對方不負責任的心態 害怕被別人發現自己覺得無法尊重對方的心態 討厭不相信機會的自己 討厭負面的自己

步驟三　向下挖掘藏在感受背後的價值觀

價值觀	**因為重視什麼，才會產生那類感受？試著找出與感受連動的價值觀。** 負責人的使命 責任 推動改革 對美好未來的貢獻 對結果負責 相信可塑性 重視正面
經驗	**那些價值觀是根據哪些經驗形成的？** 從出生以來，身邊都是領導者。繼承家業後，全家齊心協力渡過了石油危機。 創辦人貫徹了白手起家這種的經營理念，但事業體被迫隨著時代的變遷轉型，創辦人過逝後，繼承家業的父親為了事業轉型非常努力，「不改變就等死」的堅強信念也由此而生。此外，當時的 Sony 創辦人盛田昭夫收購了電影公司，讓公司從電子產品製造商轉型為內容製作公司，父親非常崇拜這種創辦人讓企業轉型的模樣。
正面的影響	**那些價值觀對人生有什麼幫助？** 拿出結果 成為動力 帶來變化 懂得負責任 相信機會 樂觀面對危機
負面的影響	**那些價值觀對人生有什麼阻礙？** 覺得再怎麼努力都有天花板壓著 被要求停止腳步就沒有存在的理由 被要求拿出結果就會裹足不前 不相信未來與機會，心情就會變得沮喪 心情一沮喪，就會覺得遺憾

步驟四：釐清改造自己的願景

重新定義要改善的目標　想要改變什麼？

形塑願景　著手改善之後，會得到什麼好處？

你會為了得到什麼好處而挑戰改造自己？

步驟五：思考行動計畫

第一步　要改善什麼？

成功的評估標準　該如何評估第一步的成功？

時間點　什麼時候該進行第一步的內省？

終點　改造了自己哪些部分算是終點？

步驟四　釐清改造自己的願景

重新定義要改善的目標	**想要改變什麼？** 看到藏在那些（看起來）悲觀的人心中的潛力，再以與樂觀的人說話時的能量、聲調、口條對悲觀的人說明那股潛力 不被那些（看起來）悲觀的人奪走能量
形塑願景	**著手改善之後，會得到什麼好處？** **你會為了得到什麼好處而挑戰改造自己？** 懂得負責。有些人會將改變這些人的任務交給我。 此外，公司與組織也希望他們想要改變自己。

步驟五　思考行動計畫

第一步	**要改善什麼？** 如果下次遇到相同的情況，就具體想像超級樂觀的人，然後在房間裡面配置這個人。一邊想像這個一直探出身體對自己說「好棒喔」，一邊試著與對方聊天。
成功的評估標準	**該如何評估第一步的成功？** 以穩定的聲調與能量持續與對方聊天。要相信對方，保持正面的心情。
時間點	**什麼時候該進行第一步的內省？** 在下次會議之後。
終點	**改造自己哪些部分算是抵達終點？** 由衷相信對方會改變。 能直接了當地告訴對方那些不假修飾的訊息。

隨著職涯不斷發展，反學習也愈來愈重要。各位身邊有沒有不肯放下過去成功經驗的人呢？為了避免自己變成這樣的人，請從現在開始培養內省的習慣，讓自己的想法變得更靈活。

想讓自己不斷成長、精進與訂立遠大目標的人，或是想挑戰前所未有之事的人，都有改造自己的習慣。在大多數的情況下，通常得在換了舞台之後放下過去的成功經驗，吸收全新的看法。

只有為過去的成功經驗喝采，積極地改造自己的人才能不斷成長，才能成為理想的自己。

能將反學習轉化為組織文化的領導者是備受期待的。建議大家在磨練反學習的技巧時，試著幫助別人反學習。

反學習的障礙就是「恐懼」。一旦能夠不斷地跨越這種恐懼，反學習的壓力反而會成為邁向光明未來的徵兆。

重點

○行至無路時，就是反學習的時機。

○要理解反學習之後的世界，就要驅動想像力。

○進行反學習的時候，可以保留成功的經驗，但要放下對事物的看法。

○透過反學習得到的新看法可透過內省與後設認知確認是否已成為身體的一部分。

第 2 章

領導力篇

成為真正的領導者

1 激發團隊成員自主性的團隊型領導者

第二章將介紹強化領導力的內省。

本書將領導力定義為透過自己的一言一行與存在感，**讓自己以外的人自動自發地採取行動的影響力**。

要成為領導者，就必須擁有對未來的企圖（目的、目標、願景）。領導者會為了實現這個企圖發揮自己的影響力。

每個時代的領導者都有不同的定義，所以必須先釐清這個時代的領導者必須具備哪些能力。在領導者的決策力與組織的執行力決定成果的時代裡，個人風采極強的領導者非常受到歡迎，而如今要想締造成果，就需要創造新價值的能力以及適應變化的適應能力，因此這個時代需要的團隊型領導者，因為這種領導者能打造讓每個人發揮領導力的組織。

強人領導者擁有命令他人行動的能力，所以在遇到危機，必須全員合力解決時，領導者的意志就會瞬間貫徹整個團隊。但如果總是以這種方式處理危機，團隊成員就會變成只懂得聽命行事的集團。個人特色強烈的人必須確認自己的團隊是否放棄思考，也得想想該怎麼表達自己的判斷。

團隊型領導者的特徵在於鼓勵**所有成員發揮領導力**。團隊成員都擁有不同的才能，有些成員很擅長邏輯思考，是爬梳思緒所不可或缺的人才，有些成員則很懂得擬訂計畫與分段完成計畫。當然也會有很懂得替團隊帶來歡樂的開心果，也有隨時都能冷靜分析問題的成員。如果每個人都能貢獻一己之長，每位成員的能力將化為團隊的優勢。

團隊型領導者並非君臨金字塔頂端的存在，而是打造扁平式組織，並在這類組織發揮領導力的人。

這裡的重點在於賦予團隊企圖與願景。雖然企圖與願景都很抽象，但如果每位成員的心中都有企圖與願景，就是最理想的狀態。第四章會進一步提到，當每個人都擁有與動機來源有關的共同願景，每個人就會將團隊的企圖當成是自己的事情，所以請將內省與對話當成團隊的武器。

成為真正的領導者

真正的領導者的英文是 authentic leader，而我第一次聽到這個詞的時候，誤以為是「最理想的領導者」，但後來才知道 **authentic 這個字，是「盡可能對自己誠實」**的意思，至於 authentic leadership 則可解釋為「展現自我的領導風範」。

真正的領導者知道自己缺乏的強項，還能讓擁有這項優勢的團隊成員發揮才能。能接受自己的強項與弱項，意志堅定的領導者能讓整個團隊安心。

我曾去哈佛商學院留學，而在「能力與影響力」這堂領導範例課最後一天，教授也說了類似的話。

「這堂課我們從偉大的領導者身上學到了領導力，但模仿他們，無法讓你成為真正的領導者。所謂的領導力是奠基於每個人的個性，是由自己培養的，你們應該也不想跟隨模仿別人的領導者吧？」

我還記得，當時的我一邊聽著這位教授的課，一邊在心中大喊「我還以為來哈佛商學院可以學到領導力是什麼」。不過等到我有機會發揮領導力，我才恍然大悟，一切真的就如教授所說的一樣。

要強化領導力必須琢磨商業技巧與增廣見聞，但有一點絕對不能忽略，那就是「了解自己」。了解自己，意志力堅定的領導者能讓團隊安心，而所謂的領導力包含你的一言一行以及影響力，所以必須先了解這股影響力的來源。

一般來說，領導力是由別人評估的。領導者在成員身上貫徹意志，成員根據自己的意志服從領導者時，領導者才得以發揮影響力。如果無法如此，領導力就會因為某些原因而無法發揮。

領導力是不斷累積經驗與學習所培育的，請大家透過第一章第四節中的「實作：從經驗學習內省」（八十二頁）持續琢磨領導力與提升影響力。

重點

○領導力就是透過自己一言一行與存在感，讓自己以外的人自主採取行動的影響力。

○打造團隊全員得以發揮潛力，以及領導者得以發揮領導力的團隊。

○成為了解自己、意志堅定的真正的領導者。

○重覆磨練自己與內省，展現屬於你的領導力。

2 擁有堅定的自我

真正的領導者能打造一個自己與成員都發揮個人特色的超級團隊。為了打造這樣的團隊，領導者必須擁有堅定的自我。

了解自己信念、重要的價值觀、從心底湧現的動機，就能發揮充滿個人色彩的領導力。

要想擁有堅定的自我，就必須內省。了解自己怎麼走到現在這一步，現在又身在何處，接下來又要往哪裡去，可強化你的影響力。

透過下列七種內省了解自己，就能找到屬於自己的軸心。各位可參考附錄中「打造堅定軸心的內省」，請大家試著實踐看看。

打造堅定軸心的內省

■1 回顧過去做過哪些選擇
■2 釐清自己的使命與存在的理由
■3 找出重視的價值觀
■4 具體描繪自己的願景
■5 找出自己的強項
■6 找出你的影響力的來源
■7 想像理想的領導者形象

實作七　打造堅定軸心的內省

1 回顧過去做過哪些選擇

意見	試著找出哪些決定與選擇，影響了你的人生
經驗	這些決定與選擇又是怎麼樣的經驗？
感受	這些經驗與哪些感受連動？
價值觀	這些決定與選擇又是基於哪些價值判斷？

2 釐清自己的使命與存在的理由

意見	你的使命、存在的理由是什麼？
經驗	為了完成使命，你體驗過哪些事？
感受	這些經驗與哪些感受連動？
價值觀	從中找到哪些重要的價值觀？

3 找出重視的價值觀

意見	為了完成使命，你重視的價值觀是什麼？
經驗	請說出你或團隊實踐這些價值觀的經驗。
感受	這些行動實例與哪些感受連動？
價值觀	這些行動實例奠基於哪些價值觀（重視的看法）

4 具體描繪自己的願景

意見	你一直想實現的事情是什麼？ 你的願景是什麼？
經驗	請說出是哪些經驗讓你覺得這個願景很重要？
感受	那些經驗與哪些感受連動？
價值觀	從中找到哪些重要的價值觀？

5 找出自己的強項

意見	你的優勢是什麼？
經驗	是什麼經驗讓你這麼覺得？
感受	這些經驗與哪些感受連動？
價值觀	從中找到哪些重要的價值觀？

6 找出你的影響力的來源

意見	你覺得自己的影響力來自什麼？
經驗	是什麼經驗讓你這麼覺得？
感受	這些經驗與哪些感受連動？
價值觀	從中找到哪些重要的價值觀？

7 想像理想的領導者形象

意見	你想成為哪種領導者？
經驗	這個想法的背景與哪些經驗有關？
感受	這些經驗與哪些感受連動
價值觀	在領導力之中，最想重視的價值觀是什麼？

確認自我軸心是否穩固

領導者也是人，所以就算覺得自我軸心很穩固，有時候還是會動搖。這時候能讓自我軸心屹立不搖的，就是後設認知力。如果習慣以認知四種組合內省自己的內在，就能以後設認知的方式確認自我軸心。

最需要透過內省檢視的是價值觀與判斷之間的關係。也就是反問自己，這個判斷是基於哪些重要的價值觀，又為什麼你會這麼覺得。

此外，我們的判斷通常會被感受左右，所以也要內省自己的感受，可以問問自己，這些判斷與哪些感受有關，尤其是被憤怒、焦慮這類負面情緒影響的判斷，更是需要透過內省檢視。讓我們一起透過內省檢視「這個判斷是基於哪些重要的價值觀」「自我軸心是否動搖」這些問題。

領導者是形塑組織文化的領頭羊。

實踐五種一貫性（信念、感受、思考、態度、行動）的領導者是成員眼中的榜樣，可為團隊打造理想的組織文化。認知自我軸心是打造組織文化的重要關鍵。

接下來要介紹透過五種（信念、感受、思考、態度、行動）一貫性確認自我軸心是否動搖的方法。

請根據下列的實例，確認自己的一貫性。

【圖 2-1】領導者的一貫性

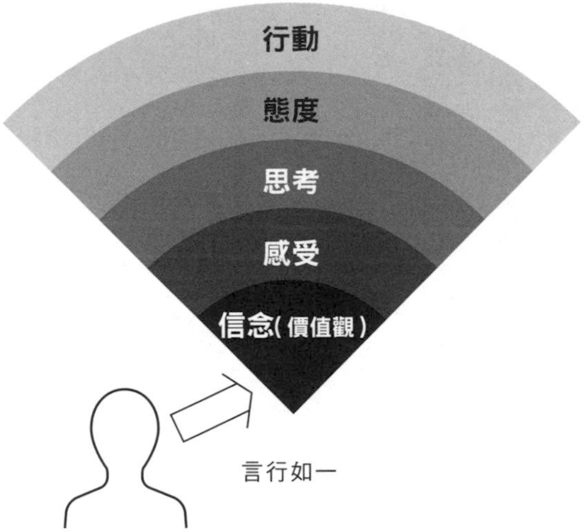

檢視五種一貫性的內省

信念 重視信賴

行動 為了維持信任感，壞消息也老實說

態度 以誠實的態度面對別人

思考 不辜負別人的信任（判斷軸心），提升信賴感

感受 （感到別人信賴自己時）開心
（說謊、背叛他人的信賴時）遺憾、難過

在這個實例之中，領導者以「信賴」為信念，所以總是提醒自己，要誠實地面對別人，有任何壞消息也要老實說，信念與行動也一致。透過內省檢視自己的判斷與行動是否違背「重視信賴」這個信念，可進一步強化這個信念。

請試著透過內省展現信念、行動、態度、思考、感受的一貫性，挑戰打造理想的

組織文化。

重點

○要成為自我軸心堅定的真正的領導者，必須實踐七種內省。

○檢視自我軸心是否動搖，信念、行動、態度、思考、感受是否貫徹始終。

3 自行提升動力

發揮領導力之後，那些不如意的事情或是壓力會跟著變多。領導者身邊的人通常會將領導者視為動力，但很少人會在意領導者的動力是否充沛。

為此，領導者必須擁有能自行提升動力的「自燃力」，而且得提升這個自燃力。

有時候，你會想抱怨團隊成員的動力不足，但團隊成員的動力通常不可能比你更強。

請先試著實踐下列兩種內省，提升自己的動力。

■回歸原點的內省

回歸原點的內省

意見 話說回來，為什麼會從事這份工作？你想實現什麼？

經驗 是什麼經驗讓你有這個想法？

感受 這個經驗與哪些感受連動？

價值觀 從中發現什麼重要的價值觀？

實踐這項內省，讓自己回歸原點，就能發現「從事這份工作的原因」，還能以剛開始從事這份工作的相同動力，讓實現目標的能量從身體深處湧現。

當團隊的專案遇到瓶頸，可試著與團隊成員一起實踐這個內省。

解放自我的內省

意見 一切得到解放的世界是怎麼樣的世界？

經驗 在那個世界你做了哪些事？那個世界又有誰？

感受 待在那個世界的你有什麼感覺？

價值觀 從中找到哪些重要的價值觀？

建議大家在動力歸零或呈現負值的狀態實踐這個內省。此時應該是難以維持現狀的狀態，所以請試著盡情（在心中）大喊「我辭職了」，試著讓自己抽離現實。幻想是不受限制的。請試著放下所有的責任與扮演的角色，試著想像在一切都得到解放的世界會有怎麼樣的人生。

若能像這樣抽離自己，應該就能回到原點，「再加油一下吧」的心情就會湧現才對。此外，這種內省也能讓你俯瞰眼前的課題，所以有助於提升解決問題的能力。

如果你實踐了這個內省，卻無法找到回到現實的意義，或許你該重新檢視目前正在做的事情，有時候甚至要讓自己離開這些事情。此時絕對不能忘記的是感受的後設認知。每個人在被憤怒、不安、悲傷這類負面情緒控制時，會無法做出正確的決定。建議大家先好好睡個覺，調整自己的身心，確認自己處在正念的狀態下，再做出重大的決定。

重點

○若覺得成員的動力下滑，可先檢視自己的動力

○動力若是下滑，可透過「回歸原點的內省」找回初衷。如果動力還是難以恢復，可想像從一切解脫的自己，確定哪些事情最重要，最想保留的是哪些東西。

○在正念的狀態下做出重大決定。

4 面對內心

變化瞬息萬變的環境對人類造成莫大的壓力。想在這個環境有所成就的我們，也愈來愈學會面對內心的技巧。

現在也有愈來愈多的人學習冥想與正念，也有愈來愈多人重視復原力或成長心態這類面對內心的商業技巧。

■ **正念**：察覺「當下」，不對這個瞬間進行任何價值判斷。

■ **復原力**：從逆境振作與成長的能力。

■ **成長心態**：相信資質平凡的自己透過努力能夠持續成長。

內省也是幫助我們學會正念、復原力、成長心態的絕佳方式。接下來，我們要將焦點放在「如何面對自己的內心」這件事。

感受往往源自重要的價值觀

感受總是與重要的價值觀緊緊綁在一起。法則很簡單，當重要的價值觀得到滿足，心情就會變得正面，若是沒得到滿足，負面情緒就會浮現。

每個人都有許多珍惜的價值觀。反覆內省，建立專屬自己的「價值觀清單」，就能發揮本能或是讓內心沉澱下來。

【圖1-7】曾介紹「擁有與動機來源有關的目的是，潛力將受到激發，創造力也將提升」這項創意張力的法則。

當夢想、願景與重要的價值觀緊緊結合，源自內在的動機將產生能量，而這股能量將支持你的思考力與行動力。

當我們知道愈多自己重視的價值觀，就能預測自己何時樂觀，何時陷入低潮，就能為自己打造一個容易產生正面感受的環境。

比方說，每當我處在一個容易激發創意的環境，心情就會無比歡愉。我非常喜歡開放而扁平的人際關係、能談論那些看似愚不可及的夢想的夥伴，以及能一起針對某個目的快速進行假設與驗證的環境。

相對的，我討厭制式、緊繃的人際關係，官僚式問答的場合、以例行公事為主的工作，這些都無法讓我興奮與雀躍。

所以我總是盡可能地讓自己待在充滿創意的世界，爭取時間吸收這個世界的空氣。

或許有許多人覺得透過後設認知的方式了解自己的感受很難，但只要使用認知四種組合，其實就不難看清自己的感受。

感受的內省

感受 現在的心情如何？
意見 你現在擁有什麼意見？
經驗 那種感受與意見的背後藏著哪些經驗？
價值觀 那種感受與意見的背後藏著哪些價值觀？

像這樣透過認知四種組合以後設認知的方法了解感受，就能與自己的感受好好相處。這種方法也能幫助我們面對小孩。

以前的我，對小孩子動怒時，都會破口大罵：「為什麼你老是這樣？」等到我開始使用認知四種組合之後，就能在憤怒時，利用這個組合分析怒氣。

對小孩生氣的母親分析感受的內省

感受 憤怒

意見 為什麼你打完電動都不收！

經驗 今天真是諸事不順的一天。開會時，某人一直挑剔我的提案。累得半死回到家之後，又差點被丟在地上的電視遊樂器絆倒。

價值觀 （對孩子的期待）自律、共同創造（會議經驗）

當我養成分析感受的內省之後，我便能慢一拍生氣，也能恢復冷靜。

當我回顧這股怒氣背後的經驗，便發覺「小孩不是出氣的對象」。「原來我會因為這些小事生氣，純粹是因為開會時，聽到某人的發言。由於這股怨氣沒辦法在公司發洩，所以才找孩子出氣吧……」

我就是這樣認清自己的怒氣的。如果能透過內省，客觀檢視自己的怒氣，怒氣自然會消退。

一時的氣話以及行為只能讓你暫時消氣，但更多的是無法為對方與自己帶來幸福。

請養成一生氣就透過認知四種組合進行內省，客觀地審視「我到底為了什麼生氣？」這個問題。

分析怒氣，就能知道你想得到什麼，之後再採取對應的行動才是上上之策。

透過內省學習「正念」

正念是察覺「當下」，不對這個瞬間進行任何評價與判斷的狀態（日本正念領導力協會）。

你會在什麼時候覺得保持正念的狀態很難距？就算能在冥想或坐禪的時候，讓內心沉澱下來，一旦回到平日的工作與生活，內心還是有可能紊亂，這時候很難立刻回到冥想的世界對吧。

所以我要推薦的是「**即時內省**」，這是利用認知四種組合針對現在發生的事情，以及當下的感受進行內省，讓自己進入正念狀態的方法。

即時內省最適合在負面情緒浮現的時候實踐。在負面情緒剛剛浮現的時候，了解造成負面情緒的理由與放下負面情緒，就能即時進入正念的狀態。

我從過去發脾氣的經驗學到亂發脾氣的確會消氣，但之後一定會遇到壞事。對某個人發脾氣之後，當下或許會覺得舒服一些，但最終會像是回力鏢一樣，對方一定會回過頭來攻擊你，情況有可能惡化，也得耗費更多精力收拾善後。

我從這個經驗學到的法則是「一旦覺得自己快要生氣，就要想像發脾氣之後，會帶來什麼樣的災難，不要選擇讓自己暫時消氣的方式才是上上之策」。這時候需要的是能客觀檢視怒氣的即時內省。

實踐即時內省，就能快速放下負面的感受。

不管是工作、家庭還是其他情況，都能實踐即時內省，但接下來要以開會時，覺得煩躁的情況為例，說明實踐即時內省的方法。

負面情緒的即時內省

意見 這個人又開始發言了。真是聽都不想聽。

經驗 這個人總是說得又臭又長，而且沒有重點。

感受 煩躁

價值觀 建設性、本質

■ 透過即時內省了解的事情

我發現自己覺得建設性與本質很重要，所以才會對這個人說的話那麼不耐煩。我應該把重視建設性與本質這件事，與這個人擾亂我的感受這件事分開來看。

我們內心的主人是我們自己，只有我們擁有讓內心變得紛亂的權力。會因為別人心煩，等於將「對我的內心施加壓力的權利」交在對方手中一樣。

只要懂得這麼想，就能相對容易地放下負面的感受。

放下負面的感受，恢復冷靜之後，就能思考減壓的對策。比方說，預先準備一些問題，讓對方的發言更有重點，或是提供一些實用的資訊，請別人進行回饋，藉由一些對策減少造成壓力的原因吧。

內省也能幫助我們思考面對壓力的方法。

找到減壓法的內省

意見　你的內心在什麼時候最穩定？

經驗　那是怎麼樣的經驗？

感受　當下是怎麼樣的感受？

價值觀　從中發現哪些重要的價值觀？

■例：與朋友交談

意見 與值得信賴的朋友交談的時候

經驗 與朋友吐苦水之後，朋友的一句「真的是這樣耶」，會讓我覺得自己沒錯。有時候也會讓我反省自己。

感受 變得冷靜

價值觀 情誼、共鳴

■例：接觸動物

意見 接觸動物的時候

經驗 小時候曾與小狗、小貓生活。覺得小狗、小貓會聽我吐苦水，讓我心情變得舒坦。

感受 變得冷靜

價值觀 心靈相同、愛情

預先進行這類內省，就能為了容易累積壓力的情況事先建立維持正念狀態的計畫。也可以準備一些讓你恢復活力的書或電影。

注意負面情緒

負面的感受有時能引導我們變得積極。

比方說，輸掉比賽的時候，我們會產生「悔恨」這種負面情緒，但這股不甘心的感受有時候會轉化成督促我們認真練習的能量。

此時負面情緒可說是有益的。「不甘心」這種負面情緒將昇華為「贏得下次比賽」的願景，最終讓我們產生正面的感受，我們的幹勁也會跟著提升。能否贏得下次的比賽與自己的能力有關，所以沒空被負面的感受扯後腿。

其實「願景的開端是負面情緒」的例子非常多，不過在職場裡，有時就是無法將負面情緒快速轉換成願景。

比方說，無法憑一己之力改善的人際關係、與其他人合作之際產生的紛爭，高層決定轉換路線，造成負面情緒的原因其實千奇百怪。

這時候請務必**實踐內省**，**察覺自己正陷在負面情緒之中**。

如果能以後設認知的方式審視自己的感受，就能客觀看待造成負面情緒的原因，開始思考解決問題的方法，就能試著排除原因、與原因保持一定的距離，改變自己的看法與接受現狀，以及透過其他方法解決問題。

許多領導者都說「陷在負面情緒的時候，無法做出好判斷」。有時候身心的疲乏會讓我們的判斷力變得遲鈍。只有自己能了解自己的感受，所以請先透過即時內省了解自己的感受與造成這類感受的原因。

為了做出最佳判斷，請養成以即時內省讓自己進入正念狀態的習慣，讓偵測內心異變的感測器變得更加敏感。

透過內省提升「復原力」

復原力的英文是「Resilience」，而這個單字又可譯成「彈性」，復原力相關研究第一把交椅的賓州大學凱倫．瑞維斯（Karen Reivich）將復原力定義為「從困境快速振作與成長的能力」。

透過後設認知進行的內省非常適合用來提升復原力。在此要從組成復原力的八個元素（自我意識、自制心、精神的敏捷性、樂觀性、自我效能、相關性、遺傳、正面的社會制度）挑出自我意識、自制心、樂觀性、自我效能為例，介紹活用內省的方法。

自我意識

當我們重要的價值觀獲得滿足，心情就會變得正向；如果沒有獲得滿足就會變得沮喪。請試著問問變得正面／沮喪的自己「為什麼會有這種感覺呢？」

提升自我意識的內省

感受 快樂

意見 為什麼快樂？

經驗 是哪些經驗讓你有這樣的感覺？

價值觀 是哪些價值觀被滿足才讓你覺得快樂？

感受 憤怒

意見 為什麼憤怒？

經驗 是哪些經驗讓你有這樣的感覺？

價值觀 是哪些價值觀不滿足才讓你覺得快樂？

自制心可透過內省以及後設認知的方法檢視自己的感受、思考與行動再予以提升。接著為大家介紹提升自制心的後設認知力，主要分成初級、中級與高級三階。

■初級：了解自己如何賦予經驗意義

這是能以後設認知的方式，了解自己如何賦予經驗意義的等級。若能透過認知四種組合俯瞰自己的內在，就能到達這個等級。

■中級：察覺「肥大化」的理由

我們總是從大量的資訊之中挑選資訊、認知資訊，而這些都是由自己的感測器偵測的資訊。當我們覺得「那個人的某個特性好特別」，我們的感測器就會一直偵測這項資訊，而這個課題也會在你心中逐漸「肥大」。最終你或許會被這個課題壓垮，但如果環顧四周，發現沒有人在意這件事，就代表賦予經驗意義的過程出了問題。

擁有某種執著，以及能知道自己的感測器對於哪種資訊特別有反應的人，就能抵達這個等級。

■高級：能切割自己與他人

該如何看待經驗，全憑自己的價值觀決定。如果能了解這點，就會發現把眼前的人視為生氣的理由是個錯誤。眼前的人不過是觸發怒氣的扳機，你會選擇生氣，純粹是因為你的價值觀。如果能到這個階段的話，你已經是高手中的高手，已經學會控制憤怒的感受。

只有自己能讓自己的內心動搖。當環境或與別人的關係對你的重要價值觀造成威脅，這個經驗就會觸發你的負面情緒。**當你知道自己被哪種價值觀支配，你就愈來愈能控制自己的內心**。

樂觀

樂觀的人看到事物的機會，悲觀的人看到事物的風險。想讓自己變得更樂觀的人，要在價值觀安裝「無限的可能」或「將希望寄託於未來」的看法，並且時時地提醒自己。一旦腦海浮現悲觀的想法，就無以「無限的可能」與「將希望寄託於未來」的看法，重新檢視在眼前發生的事。

樂觀看待事物的內省

■ **悲觀的內省**

意見	新事業的業績目標太高
經驗	還沒找到顧客，工作人員又都沒經驗
感受	擔心、害怕
價值觀	現實、風險

若以「無限的可能性」與「將希望寄託於未來」的看法重新檢視價值觀

■樂觀的內省

意見 一旦新事業的高業績目標達成，對公司內外將帶來好的影響。

經驗 一定有潛在客戶，員工也能學到經驗

感受 興奮

價值觀 無限的可能性、將希望寄託於未來

內省不會只做一次就結束。確認自己對事物的看法，再以「無限的可能性」與「將希望寄託於未來」的看法重新確認對事物的看法。長此以外，就能習慣以樂觀的心態看待事物。

自我效能感

許多人都沒發現自己的能力，沒機會感受自我效能。愈是擅長的事，做起來愈輕鬆，所以就算在別人眼中，你締造了不凡的成果，你也不會因此欣賞自己。反之，遇到不擅長的事情時，你會覺得是自己能力不足，這通常也是覺得自己沒什麼用的原因。

進行「實作三：從經驗學習的內省」（八十二頁），賦予經驗意義之後，就能提升自我效能感。徹底回顧那些做得好與做不好的事情，**學著讚賞那些做得好的事情，以及試著從那些做得不好的事情汲取經驗，長此以往，所有的經驗都能幫助你提升自我效能感**。

當你能將經驗化為學習成果，你就能體會「失敗也是很有價值的經驗，能成為自己成長的養分」，這些經驗也不會成為自我效能感下降的原因。你也能在回顧經驗的過程中，接受不完美的自己，自我效能感也因此提升。

透過內省培養「成長心態」

「成長心態」(growth mindset）是由史丹佛大學心理學教授卡蘿・杜維克（Carol S. Dweck）提倡的概念，指的是**「人類的基本資質可透過努力強化」**的信念。反之，覺得再怎麼努力，也無法改變天賦的心態稱為「定型心態」(fix mindset)。在遇到困難時，覺得努力就能解決的人與覺得自己無計可施的人，成長的速度將大不相同。

當事情不順利的時候，請利用後設認知的方式確認自己選擇上述那種看法。可試著透過認知四種組合確認自己選擇的是「一定還有什麼方法才對」的想法，還是「已經沒辦法了」的想法。

如果你想的是「已經沒辦法了」，請試著回想過去的成功經驗，讓心態從「定型心態」轉換成「成長心態」。例如你可以回想一下，挑戰課題、克服課題的經驗，或是明知不可為而為知，最後得到甜美成果的經驗。

接著對這類經驗進行內省，仔細回想成功經驗。回憶當時的感受與經驗，就能透過這些經驗讓成長心態內化。

過去成功經驗的內省

意見	整個團隊一起挑戰減少工時，是不可能的任務
經驗	當公司提出減少工時的方針時，我們的部門還把加班視為常態，所以一開始所有人都覺得「這怎麼可能」。但是，當所有人貫徹分工合作，並且努力讓工作自動化與效率化，居然成為全公司解決加班問題的模範。
感受	（最初）絕望、（中途）不安、（締造成果後）覺得有趣、開心
價值觀	不做就不知道結果、做了才有機會成功

如果想不起自己的成功經驗，也可以借用別人的成功經驗。

想像別人的成功，可以得到別人的成長心態。建議大家平常多接觸別人的勵志故事，收集強化成長心態的成功經驗。

透過內省接近「幸福」

最近常聽到「幸福」（Well-being）字眼，這個詞是有平安、健康、幸福的意思。沒有人不希望自己過著幸福的人生，所以雖然聽起來有點老生常談，但不管是哪個領域，最終目標都是追求幸福。

不管是誰，要想得到幸福都必須具備一些必要的條件（健康、安全、經濟自主或其他條件），而本書將重點放在「由個人的主觀決定的幸福」。每個人對於幸福的定義都不同，有些人認為幸福來自工作，有些人覺得是工作與生活取得平衡，有些人則認為擁有自己的興趣很幸福。要想擁有專屬自己的幸福定義，就請實踐內省。

慶應義塾大學的前野隆司先生曾透過幸福學的研究得到「幸福的因子有四種」這個結論。要想得到幸福只需要實踐「試試看」、「感謝」、「船到橋頭自然直」和「保持自我」這四件事，這實在是既簡單，又能量滿滿的理論。這四個因子都有強化正面感受的效果，與正念、成長心態、復原力都有相通之處。

幸福由你的內心定義，但我們很難隨時保持正面，所以本書才一直介紹將負面情緒轉換成正面感受的內省。在實踐這個內省時，有件非常重要的事情要特別注意，那就是不要讓感受化為「虛無」。

人類沒辦法只擁有正面或負面的感受。我們的大腦被設計成負面的感受被關掉，正面的感受也會跟著被關掉的機制。

所以**連負面情緒也要透過認知四種組合徹底體驗，之後再轉換成正面感受**。之前已經多次提過，會產生負面情緒，全因你重視的價值觀沒有得到滿足，這時候必須先接受這樣的自己以及改變自己的看法。

我們的內心總是隨著外在因素擺盪。事情順利、看了有趣的電影、與夥伴聊得很愉快、在靜默之中，感受時間緩緩流逝的時候，我們內心的景色總是會隨著各種事件改變，但這些外在因素並非動搖內心的因素，能改變內心的，只有我們自己。

只能你自己能決定要怎麼接受這些事件，以及賦予這些事件意義。一如釋迦牟尼的教誨，一切存乎於你的內心。

要在任何情況下維持內心的穩定，透過內省培養的「認清自己」應該是很大的助力。知道該怎麼面對內心的領導者能對成員的內心帶來正面的影響。請大家務必實踐面對內心的內省，實現團隊共有的幸福。

重點

○即時內省可進入正念的狀態
○內省可幫助我們找到專屬的壓力消除法。
○認知四種組合的內省可強化復原力
○以經驗作為內省的題材，能培養成長心態。

5 透過內省讓思緒變得靈活

遇到沒有正確解答的挑戰時，若想做出最佳判斷，就得放下成功經驗，並且以不依循前例的想法面對挑戰。不管是開發個人職涯，還是有關生意的判斷，要想成為能隨著時代變遷持續調整想法的人，就得培養內省的習慣。

在面對新課題的時候，創造力是決定成敗的關鍵。義大利鬼才設計師布魯諾·莫那利（Bruno Munari）曾在其著作《幻想曲》（暫譯，原書名『ファンタジア』，Misuzu 書房出版）如此描述創造力：

創造力需要敏捷與靈活的知性。換言之，需要不帶任何成見的精神、在任何情況下，都能學習有益事物的精神與見賢思齊的精神。因此，富有創造力的人會不斷地進化，那股創造力會在所有領域不斷汲取新知識，再從知識不斷擴展的過程中誕生。欠缺創造力的人是個不完全的人，這類人無法面對眼前的各種問題，恐怕只能向有創造力的人求救。

要激發你的創造力，就必須摒除成見，得到靈活的思維。

我們對事物的看法以及心理狀態都是由各種經驗累積而成。由那些印象深刻的經驗以及當下的感受所形成的看法或心態，將對後續的人生與判斷帶來深刻的影響。成功經驗與當下體會的正面感受，不是說放手就能放手的。

要讓想法變得靈活，就必須視情況放下那些源自成功經驗的心理狀態。成功經驗固然是美好的回憶，但根據這些成功經驗做出的判斷，卻不一定總是最佳答案。

當我們能在沒有任何成見的狀態下見識未知的世界，就會學到新的東西。為了達成這個目的，我們必須不進行任何預判，窺看未知的世界。

接下來為大家介紹提升思考靈活度的方法。

透過後設認知的方法檢視自己的思考

要讓想法變得靈活，就必須先客觀看待「自己都在想什麼？」「對哪些經驗或價值觀特別執著？」

若是跳過這個步驟，貿然接受不同的意見，也無法讓想法變得靈活。只有將不同的看法，而不是不同的意見納為己用，才有可能改變自己的想法。為此，我們必須透過後設認知的方法了解自己的想法。

與成功經驗一樣的是，透過失敗經驗學到的東西一樣會根深蒂固地扎在我們心中。接下來讓我們以失敗經驗為例，了解如何透過後設認知的方式檢視想法。

透過後設認知了解想法的內省

你在會議提出的企畫遇到反對的意見。讓我們透過後設認知了解這個意見產生的背景。

■內省的提問

．你的想法是基於哪些經驗形成的？

．你重視哪些價值觀？

意見 無法贊成催生各項新事業的企畫。這個想法或許有助於實現短期的獲利，但就算這個瞬間的需求被滿足，也無法成為顧客長期需要的服務。

經驗感受 在前公司有許多創立新事業的經驗。雖然每項事業都成功，也都回收了成本。但總是好景不常，所以才被迫創立新事業。雖然喜歡催生新事物，但也有很喜歡的服務，所以多少覺得有點寂寞。

價值觀　被長期喜愛與需要的事業

■透過反省了解的看法

知道自己想要從事長期受到消費者喜愛的事業，而不是實現短期獲利這個目標。

■內省之後的行動

以沒有任何成見的狀態對話。確認對方的意見的前提。確定這個企畫是以大量催生短期獲利的事業為主，還是以建立長期發展的事業為主。

如果受限於過去的經驗，就無法像這樣透過對話一窺對方的世界，處在「我是對的，對方是錯誤」這種立場是無法進步。

試著置換經驗或價值觀

每個人的意見都是立基於經驗，只要有過不一樣的經驗，意見就有可能轉變。此外，當成意見前提的判斷尺度（價值觀）若是不同，意見也會跟著改變。摒除只是改變意見的想法，讓自己擁有**「不同的經驗或價值觀都會讓意見改變」**的觀點，就能讓想法更加靈活。

替換經驗或價值觀的內省

- 「想陸續催生新事業」的人擁有哪些經驗呢？

■內省的提問

若是置換經驗與價值觀，會得到什麼意見呢？

意見 想陸續催生新事業。

經驗 **感受** 正因為根據創意開發的新服務很成功，才能獲得現在的顧客，以及打響品牌的知名度。讓新創意具體成形，藉此領先其他公司的力量是公司的命脈，所以停止這項活動就意味著死亡。

價值觀 不能背叛顧客的期待，公司的存續、激發新創意

■置換經驗或價值觀之後，會知道什麼？

「利用創意催生一個又一個事業的確能創造短期收益，但該不會無法創造永續經營的事業吧？」心裡不禁泛起這個想法。

在評估事業構想之前，就先武斷地認為這個事業只會帶來短期收益，其實也是一種成見。

像這樣放下自己的經驗與價值觀，窺見對手的世界，就能客觀看待自己的成見。

想像別人的認知四種組合

立場與經驗不同的人也有不同的認知四種組合。想像各式各樣的人的認知四種組合，可以讓自己從經驗與價值觀解放，培養靈活的想法，還能強化同理心與建立信賴關係，創造一些連帶效應。

■內省的提問

〇〇的認知四種組合會是怎麼樣的內容呢？

一旦熟悉內省，就會自然而然往那些充滿排斥感或驚訝的場所走去，也能透過與其他人的對話，理解對方的認知四種組合。建議大家先從身邊的人開始，想像他們的認知四種組合。

從家人或情人這些重要的人開始，想像他們的認知四種組合，就能預測對方重視的是什麼，也能與重要的人更親近。此外，也很建議想像那些有代溝的人、有點距離感的人、無法理解的人的認知四種組合。

常有機會踏出自我這條邊界的人，就能擁有靈活的思考。當我們處於充滿驚訝或排斥感的場合，我們的常識將不再管用，也被迫從前提開始重新檢視自己的想法，所以能輕鬆又自然地放下所有的價值判斷，坦率地向多元的世界學習。

如果遇到任何令你覺得驚訝或排斥的事，請將這樣的情況視為讓想法更加靈活的機會。

驚訝與排斥感的內省

我們平常就會覺得有些事情很怪異，或是會遇到一些令人驚訝的變化對吧？這時請不要停止思考或得過且過，而是抓住機會內省。

步驟一　利用認知四種組合了解驚訝與排斥感的背景

驚訝與排斥感是了解自己（的框架）的機會。「為什麼會驚訝？」請透過認知四種組合實踐內省，再以後設認知的方式尋找這個問題的答案。

意見　為什麼會驚訝？或者為什麼會覺得不對勁？

經驗　對這些事情有哪些經驗呢？

感受　這些經驗與哪些感受連動？

價值觀　從中找到哪些你一直很重要的價值觀？

步驟二　透過內省整理得到的答案

綜觀認知四種組合的答案，整理自己為什麼覺得驚訝或排斥，或是這些驚訝或排斥感的背後，與哪些經驗或看法有關係。

意見　感到驚訝或排斥的原因為何？
經驗　讓你覺得驚訝或排斥的事件是什麼？
感受　這些經驗與哪些感受連動？
價值觀　從中找到哪些你一直很重要的價值觀？

步驟三　設問

根據步驟二得知覺得驚訝與排斥的原因之後，根據這個原因設計問題，思考哪些問題能幫助你思考自己的行動。

步驟四　將內省的結果應用在行動上

接著思考要怎麼將內省的結果應用在下次的行動。

覺得排斥或驚訝的時候，請利用認知四種組合內省，如此一來就會知道自己的看法以及心態，如果覺得自己應該要改變，就將注意力放在與那些排斥感有關的價值觀，以及尋求自我升級的潛在機會。

潛入未知世界的內省

置身於未知世界的機會，能讓我們的想法徹底變得靈活。

我從四年前開始，就在非洲尚比亞實施次世代領導者培養課程。待在尚比亞的每一天都充滿了怪異與驚訝，所以內省的提問總是源源不絕。與當地的商人、農民、行政機關、非政府組織（Non-Government Organization，NGO）的人交流，學習尚比亞的政治、商業與社會課題，不過，學到最多的是內在產生的變化。透過認知四種組合實踐內省，了解自己如何看待在尚比亞生活的經驗，以及與同伴邊對話且學習，都能將那些覺得不對勁的經驗或排斥感內化為學習結果。短時間內

實作八　驚訝與排斥的內省

步驟一：利用認知四種組合了解驚訝與排斥的背景

意見	**為什麼會驚訝？ 或者為什麼會覺得排斥？** 美國杜克大學研究學者凱西戴維森曾在 2011 年 8 月的紐約時報專訪提到「2011 年就讀美國小學的小孩，應該有 65% 在大學畢業的時候，會從事現在不存在的職業」
經驗	**對這些事情有哪些經驗呢？** 一直以來，都是根據孩子的特質、未來想要從事的職業思考未來與升學。
感受	**這些經驗與哪些感受連動？** 不安、慎重
價值觀	**從中找到哪些你一直很重要的價值觀？** 計畫、預測、幸福

步驟二：透過內省整理得到的答案

意見	**感到驚訝或排斥的原因為何？** 如果 65% 的小孩在大學畢業時，會從事現在不存在的職業，豈不是無法根據未來想要從事的職業思考未來，也無法計畫該接受哪些教育
經驗	**讓你覺得驚訝或排斥的事件是什麼？** 步驟二的事件
感受	**這些經驗與哪些感受連動？** 不安
價值觀	**從中找到哪些你一直很重要的價值觀？** 方針

步驟三：設問

根據步驟一得知覺得驚訝與排斥的原因之後，
根據這個原因設計問題，思考哪些問題能幫助你思考自己的行動。

為了採取下個行動的提問	思考行動所需的提問是什麼？ 無法預測未來時，該如何訂立教育方針？我該如何升級與教育方針有關的看法？

步驟四：具體實踐內省的結果

接著思考要怎麼將內省的結果應用在下次的行動

行動	既然有 65% 的小孩會從事現在沒有的工作，身為父母親的我們得思考對應的教育方針。 重新定義教育方針

遇到一堆超乎想像的怪異或驚訝，想法也變得相當靈活。

內省的步驟與一七三頁的「驚訝與排斥的內省」相同，但接下來要解說向未知世界學習，並將學習結果應用於行動的方法。

步驟一：了解驚訝與排斥的背景

意見 尚比亞的人明明過得不是很富裕，卻好像很幸福。

經驗 日本社會是基於「富裕的生活等於幸福」的想法運作。沒有錢，就無法接受好的教育，也沒辦法去旅行。

感受 喜悅

價值觀 富裕、幸福

步驟二：整理透過內省了解的事情

意見 一直以來，都覺得收入無虞很幸福，也滿腦子想著讓企業壯大以及自己的職涯。在前往尚比亞之前，我一直覺得我們才是幸福的那群人，但看到尚比亞的孩子們的笑容，以及寄宿家庭全家齊心協力，共同生活的幸福後，我才覺得經濟無憂的我們不一定比他們更幸福。

經驗 步驟一的事件

感受 驚訝

價值觀 追求幸福、笑容以及真實的幸福

步驟三：設問

根據步驟一與二得知驚訝與排斥的原因之後，根據這個原因設計問題，思考哪些問題能幫助你思考自己的行動。

從驚訝與排斥感這些經驗學到「對事物的看法」之後，要將這些看法應用於行動的「提問」到底是什麼？在這個例子裡，「追求幸福」是重要的價值觀，所以要將「新看法」納為己用，就必須先知道該怎麼升級「追求幸福」這個價值觀。

問題　思考行動所需的問題是什麼？

在發展中國家的人們眼中，為了發展經濟而努力的我們，真的幸福嗎？

步驟四：於行動活用內省

擬定將內省的學習成果應用於行動的計畫。

行動　我們公司的經營方針為「創造社會價值」，所以在尚比亞也想要開創事業。在思考事業策略的時候，不能將先進國家的模型直接套用在當地，而是要以當地人的幸福當成設立公司的起點。

遭遇驚訝、感到排斥的經驗，會讓我們學到對「事物的新看法」，而這些新看法會讓你擁有創造未來世界、改變未來世界的力量。這些經過升級的看法會為你帶來新的行動方針，有時甚至會要求你修正軌道。

學習的目的不是獲得，而是活用。讓我們透過內省升級「看法」，再將這些新看法應用在自己的行動上吧。

跳出框架的內省

不知道大家有沒有絞盡腦汁也想不到新穎或獨特想法的經驗呢？這時候能幫上忙的就是幫助我們踏出框框之外的 Out of Box Thinking（打破常規）。

這裡說的 Box，是指從過去經驗形成的看法，也就是所謂的「框架」。如果擁有以認知四種組合進行後設認知，檢視自我內在的習慣，就能快速了解知道的「框架」。

在進行 Out of Box Thinking 時，會挑選放下自我「框架」的想法。透過認知四種組合的後設認知了解自己的「框架」之後，請試著走出框架，看看外面的世界，再試著挑戰以外面世界的「框架」思考。

當你能以另一副有色眼鏡或不同的鏡頭看待事物，你就是 Out of Box Thinking 的高手。

其實平日就有讓思考變得更靈活的機會，比方說，走一些平常不會走的路，看一些平常不會看的書，去一些平常不會去的店，挑戰一些沒做過的運動，就算生活再怎麼平凡，也能隨時踏出「框架」。

不過，只有一點要特別注意，那就是只踏出「框架」無法培養 Out of Box Thinking。只有當你放下任何成見，**在自我這條界線之外經歷不同的事情，才可能得到全新的觀點**。

Out of Box Thinking 其實與重量訓練有異曲同工之妙。當我們習慣踏出自己的「框架」，以新的「框架」看待事情，就能隨意地進出「框架」，或是換成其他的「框架」。

書裡畫紅線的地方，並沒有可學的事情

我們的思考總是輕易地被過去的成功經驗支配。聽說設立日本 7-Eleven 的鈴木敏文非常了解這點，也不斷地維持思考的靈活性。鈴木曾說「書裡畫紅線的地方沒有可學的事情」，也不斷地從那些沒有畫線的地方尋找可學的知識。為什麼在覺得重要的部分畫紅線，反而學不到東西呢？

鈴木的解釋是「在畫線的時候，你早就知道那個部分很重要，所以這個畫紅線的地方才會沒有可學的事情。重要的是在那些沒有畫線的部分尋找可學的知識」。

「若在推出暢銷商品之後，覺得自己了解市場的需求，就會無法察覺市場的變化」，看來鈴木非常了解這種成功經驗的風險。我認為隨時向自己未知的世界學習，正是鈴木先生能讓 7-Eleven 在日本成功的理由。

鈴木這句「書裡畫紅線的地方沒有可學的事情」，可說是不要被過去的成功經驗束縛，隨時擁有靈活思考的方針。

要從書裡沒畫線的地方學習，最簡單的方法就是與來自各界的人對話。即使讀的

是同一本書，每個人有印象的部分也都不一樣。若能從別人畫線的部分學到東西，學習進度就會加速。

這時候我們該做的是不要妄加解釋，同時以認知四種組合尋問對方的經驗或價值觀，其中一定有一些新看法或值得仿效之處。

重點

○透過後設認知的方式檢視從過去經驗衍生的看法，得到靈活的思考。
○於自己的行動應用「驚訝與排斥的內省」。
○利用認知四種組合挑戰跳脫框架思考。

6 提升對話力與傾聽力

透過認知四種組合實踐的內省也能培養對話能力。

如果你滿腦子都覺得「我是對的，對方是錯的」，那麼不管對方說什麼，你與對方都無法對話。放下價值判斷的傾聽是最重要的大前提。

只有當你放下成見，從對方的意見聽出弦外之意，才有可能踏出框架，將所學納為己用，也能提供對方學習的機會。

請將對話視為一種溝通與學習，並且不斷地磨練對話這項能力。

帶有共鳴的傾聽

常有人說，對話的重點在於帶有共鳴的傾聽，但似乎很多人將共鳴解釋成「贊成對方的意見」。共鳴既非贊成對方的意見，也不是放下自己的意見。

利用認知四種組合傾聽時，要接收對方的意見、感受與對方看重的價值觀，在此時**發現對方的想法、感受其來有致時，就是所謂的共鳴**。與形成對方意見的經驗、感受或價值觀產生共鳴，不代表你改變了自己的想法。

傾聽也能與對方建立信任，這部分將在二三四頁「傾聽經驗、感受、價值觀，建立互信關係」詳述。

最理想的對話是彼此對彼此的意見產生共鳴，而不是單方面的傾聽。若能放下成見再對話，就能互相學習。

可惜的是，就算你願意如此對話，對方也不一定願意這麼做，但即使如此，請你先實踐這種對話方式，之後若有機會，也請對方這麼做。

遇到不同的意見時，請先放下任何預判，先問問自己「對方為什麼這麼覺得？」「對方曾經歷過哪些事情」，思考對方是基於哪些經驗才如此發言。這些訊息之中，一定藏著與感受、價值觀有關的資訊。

如果在對話的時候遇到反對的意見，請回想「**對方不是反對你的意見，而是守護藏在意見背後的重要價值觀**」這件事，只要你能認同這件事，就不會害怕遇到對峙的意見。

帶著共鳴傾聽對方的意見，了解對方重視的事情，你就能改變說明的方式，而當你認為對方企圖反對你，整個場面就會爭得你死我活，也無法從反對意見學到任何事情。

團隊工作當然會遇到意見相左與相悖的情況。只有個性各自鮮明的人聚在一起才有機會成大事，但就算聚在一起，也不代表能立刻激發新的想法。對話力是讓多元性產生化學反應的工具。在打造多元團隊時，請務必讓成員以上述的方法進行對話。

為了能在工作上想出更好的創意，日常生活中我們蒐集許多情報，但這些費心搜尋、整理的情報，不但無法活用，還累積到無法消化的程度。

面對龐大的情報，唯一需要的是問題意識，也就是重視「為什麼？」對於日常生活所見所聞抱持好奇心，了解自己對於眼前現象有所反應的原因。

介紹時間、空間、相對論背後的……虛擬的對話，以淺顯迷人的方式，切入一個又一個的精彩話題：引人入勝，又不失科學的嚴謹性。在喧囂繁雜的日常生活裡，你可曾想過時間是什麼？如果是，那這是一本你不可錯過的好書。

——林秀豪 清華大學物理系特聘教授

貨幣簡史：
你不能不知道的通膨真相

作者｜莫瑞・羅斯巴德
譯者｜陳正芬, 高翠霜
定價｜350元

貨幣的歷史，就是貨幣持續不斷貶值的歷史。

貨幣和我們的生活息息相關，但也最錯綜複雜：不僅各國有各國的貨幣，有時貨幣還會貶值。為什麼錢會貶值？為什麼會有通貨膨脹？

本書1963年首次出版，歷經多次改版，如今已是第五版。半個世紀以來，這本書發揮巨大的影響力，啟發了兩個世代的經濟學者，以及許多投資人和企業人士。讀過這本書之後，你不僅會更懂得世界經濟，面對景氣的變化也可以形成自己的看法，不再人云亦云。

選擇的自由
(40週年紀念版)

作者｜米爾頓・傅利曼
譯者｜羅耀宗　定價｜500元

經典中的經典！
二十世紀偉大的經濟學家米爾頓・傅利曼，
最平易近人的經濟學

《選擇的自由》是傅利曼最具影響力、也最平易近人的著作，曾製播為同名的電視節目「選擇的自由」，1980年時在美國公共電視台連續播出十個星期，造成廣大的迴響。

在這本書裡，作者要談的是經濟與人性自由的關係、市場的力量，還有政府權力擴張將會侵害人們的自由和財富。出於一片好意的計畫，一旦有政府介入成為中間人，往往會帶來悲慘的結果。作者也提出這些經濟弊病的矯正方法——應該怎麼做，才能保障人民的自由和促進經濟繁榮。

不要害怕對立

荷蘭的小孩從幼兒時期就開始練習對話，他們的對話能力之高，也讓我備受衝擊，我也因此反省自己的對話力，開始在日本推廣 Peaceful School 這項荷蘭的公民教育。

這項荷蘭公民教育教導我的事情之一就是「民主社會是以對立為前提」，仔細想想還真是如此。在期待每個人擁有意見與發言的民主社會會產生不同的意見是理所當然的事。

荷蘭的小孩進入小學（荷蘭的小學是從四歲念到十二歲，總共要念八年）之後，就會立刻學到「與朋友的意見不同還是可以當朋友」這件事，也學到每個人都有責任對朋友的意見表達「贊成」、「反對」和「不知道」。

由於這些小朋友在陳述意見時，都會練習加上理由與例子，所以從四歲開始，他們就能分享藏在意見背後的經驗與知識，也學到「在對話之後改變自己的想法也沒關係」這件事。

一如荷蘭式教育告訴我們的，學會內省之後，對話力將提升，也能培養敢於面對對立的內心。我們的意見本來就是奠基於從過去的經驗形成的價值觀，所以只要經歷了不同的事情，當然就會形成不同的價值觀，彼此的意見會不同也沒什麼奇怪的。

要讓多元性產生化學反應，就必須突顯多元。若無法樂於接受不同的意見，就無法讓多元性產生化學變化，所以請培養自己的對話力。

效法別人的價值觀

世界何等遼闊，讓我們無法經歷所有的事情，但我們可以聆聽那些擁有不同經驗的人的意見，讓自己的所見所聞無限延伸。帶著感受細細咀嚼對方的經驗，想像自己處在對方口中的世界，也是傾聽帶來的樂趣。

除了能直接交談的人之外，也能與書籍或 TED Talks 這類影片對話。

此時的重點不是**潛意識地接受資訊，而是放下成見，與對方的世界產生共鳴與傾**

聽。當你潛意識地接受資訊，其實已加入了自己的解釋，也無法效法別人的經驗。放下成見，試著進入對方的世界，想像對方的經驗，體驗由這個經驗建構的世界，思考那個世界的重點，運用想像力與那個世界對話，才能將作者或演講者的經驗、對事物的看法納為己用。

接著讓以我自身的經驗為例，為大家解說吧。經營學的世界總是與商業一同進化。我自己也常因為職業的關係，必須時時學習與經營學有關的新想法。最近遇到了「青色組織」（Teal Organization）或「全體共治組織」（holacracy）這類新的組織論，正透過對話學習他人的經驗。

不管是青色組織還是全體共治組織都是提倡沒有上司、管理者這種扁平式組織的組織論。當我第一次聽到這個詞彙，只有「這樣組織是要怎麼運作啊？」的想法。

提倡全體共治組織的布萊恩・羅伯森也是創立多間公司的經營者，訂立全體共治憲章，也不斷推薦這種組織的營運方式。當我得知他要來日本舉辦一日課程時，我也參加了課程，學到了「全體共治組織的上司不是人類，而是目的（組織的存在理由）」以及「所有人擁有共同目的的組織，可透過自己的創意張力發現與解決課題」。在全體共治組織之中，每個人都是經營者，每個人都是透過同一個目的合為一體。我雖然能想像這是怎麼一回事，但真要實踐的時候，卻還是不禁反問自己「到底該怎麼做才對？」

因此我為了進一步了解「沒有管理者的組織」這個課題，請教了在日本推行青色組織將近十年的 Diamond Media 公司的創辦人武井浩三。當我以認知四種組合傾聽武井先生的意見之後，得到下列的結果。

從他人經驗學習與傾聽的方法

意見 若想排除經營者個人的偏見，尋找最理想的經營模式，就能打造以自律為前提的扁平式組織。

經驗 在創辦 Diamond Media 公司之前，武井先生曾創立其他的公司，卻因此連累親友。相信自己，從大企業離職的他雖然有機會參與創投公司的設立，公司卻不順利。Diamond Media 公司透過科技百分之百揭露經營資訊，打造了所有員工都能一同參與決策的環境。

感受

（對信任自己，來到新創公司的朋友）抱歉

（排除偏見的組織形成時）開心

價值觀

能自行產生優質決策的組織

透過「認知四種組合」傾聽武井先生的故事整後，發現青色組織其實一直近在眼前。此外，武井先生也提到組織高層也會犯錯，而這也是經營企業之際常見的問題，對此我也深表同感。

若能像這樣不妄加解釋，傾聽對方的經驗與重要的價值觀，學習成果就會深化。

利用多元意見形成共識

「比起一個人決定事情，透過各界意見做出決定比較好」，有這類經驗的人其實比想像中來得少。應該有不少人在遇到各種意見時，不知道該怎麼統整對吧？這時候，前述的對話方式就能派上用場。

到底什麼是利用多元意見的對話方式呢？（嚴格來說，不是「多元意見」而是「多元價值觀」）接下來從形成共識的方式開始說明。

形成共識時，**該聚焦於藏在這些意見背後的經驗與價值觀**，而不是將重點放在意見的差異。如此一來，就能比一個人進行決策時，參考更多方面的觀點，做出優質的決策。

在【圖 2-2】的事例之中，廣告公司的 A 與建築公司的 B 正在爭辯「哪邊的箭頭比較長」。

在意見分歧的背景之中，出現了「測量值」與「視覺」這兩個價值觀。當**意見如此相悖的時候，就將注意力放在價值觀的差異吧**。了解這些意見背後的價值觀之後，再回頭檢視對話的目的。到底是為了什麼而討論？到底是為了什麼而需要形成共識？**試著在對話的目的達成共識**。

在這個例子裡，對話的目的是討論海報的製作方式？還是建築設計圖的討論？或是其他的討論？針對對話的目的形成共識。

對目的有共識之後，可根據這個目的替藏在意見背後的價值觀訂立優先順序。假設目的是海報製作，就以視覺為優先，如果目的是建築設計圖，就以測量值為優先。

或許大家會擔心人多嘴雜，太多觀點很難統整的問題，但只要學習內省與對話的技巧就沒什麼好擔心的了。

【圖 2-2】以對話達成共識

哪條線比較長？

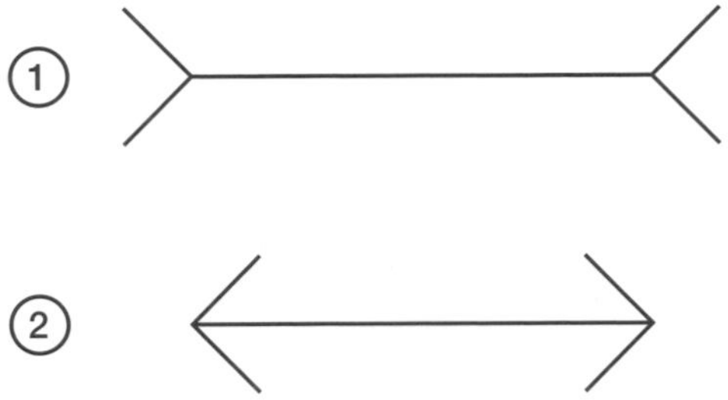

A（廣告）		B（建築）
① 比較長	意見	① 與 ② 一樣長
看起來比較長	經驗	看來比較長
視覺、外觀	價值觀	視覺、外觀

POINT

討論的目的不同，價值觀的優先順位也會跟著不同

海報設計的情況：以A的價值觀優先
建築設計圖的情況：以B的價值觀優先

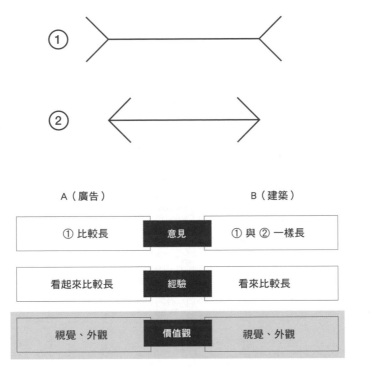

接著讓我們一起看看形成共識的步驟吧。

形成共識的步驟

■步驟一　透過意見、經驗、價值觀這個組合分享彼此的意見（因為是形成共識，所以省略個人的感受）

找出藏在各種意見背後的價值觀，並且將價值觀列成一張清單

價值觀愈多，愈容易了解意見不同的背景

■步驟二　討論對話的目的

■步驟三　確定對話的目的之後，根據目的訂立價值觀的優先順序

■步驟四　形成共識

在步驟形成共識之後，就能客觀而平等地看待彼此的意見，也不會在意遇到不同的意見，各自的想法也明顯地更有深度，決策的品質也會因此大幅提升。

步驟一：理解價值觀

找出藏在彼此意見背後的價值觀之後，試著突顯這些價值觀的差異。

■迎新會的提案

意見 由於有新成員，所以舉辦烤肉大會，凝聚團體的向心力。

經驗 曾有新成員因為不敢求助而獨自面對問題，導致事情弄得不可收拾。

價值觀
- 立刻能尋求協助的人際關係
- 歡迎新成員
- 避免衍生麻煩
- 打造互助的團隊
- 能在其他場所聊工作以外的事情
- 烤肉大會比居酒屋更有機會彼此交流

■反對意見

意見 明明工作這麼忙，還得浪費週末的時間，真的很煩。負起工作責任就能建立信賴與人際關係。

經驗 一直以來，週末都是在家輕鬆待著，看看喜歡的電影與書籍。我本來就不是喜歡戶外活動的人。可信任的同事就是對工作負責的同事，一直以來，都是透過工作建立職場的信賴關係。

價值觀
- 週末是自己的時間
- 為了健康而重視休息
- 調劑心情是非常重要的事
- 工作是自己的責任
- 透過工作建立人際關係

價值觀愈多，就愈能了解意見產生差異的背景。

找到藏在意見背後的所有價值觀之後，接著是回頭討論對話的目的。

步驟二：形成共識的目的

根據價值觀的差異定義形成共識的目的。

這兩個人該討論的不是要不要舉辦烤肉大會，而是該對舉辦烤肉大會的目的達成共識。找出所有的價值觀與討論目的之後，**將「打造一個新人能放心尋求協助的環境／順利推動業務，避免徒增麻煩」訂為形成共識的目的。**

步驟三：優先順序較高的價值觀

接著根據目的決定優先順序較高的價值觀。

要實現「打造一個新人能放心尋求協助的環境／順利推動業務／避免徒增麻煩」這個目的，必須在討論該做哪些事情之前，先替價值觀訂立優先順序。

經過一番討論後，替價值觀訂立了下列的優先順位。

- 烤肉大會可幫助新人與其他成員了解彼此
- 可打造每位成員達成使命的組織
- 可維持成員的動力
- 讓成員兼顧生活與工作的平衡

步驟四：形成共識

根據共識的目的提出想法，再根據價值觀的優先順序評估想法。

在這個事例之中，整個辦公室都同意烤肉大會既是午餐，又是凝聚團體向心力的會議。由於是了解彼此的機會，所以每個人都願意為了新人花心思營造歡樂的氣氛與介紹自己。

實作九

在意見對立之際形成共識

烤肉迎新會的例子

步驟一：理解價值觀

找出藏在彼此意見背後的價值觀之後，試著突顯這些價值觀的差異。

	迎新會的提案	反對意見
意見	由於有新成員，所以舉辦烤肉大會，凝聚團體的向心力。	明明工作這麼忙，還得浪費週末的時間，真的很煩。負起工作責任就能建立信賴與人際關係。
經驗	曾有新成員因為不敢求助而獨自面對問題，導致事情弄得不可收拾。	一直以來，週末都是在家輕鬆待著，看看喜歡的電影與書籍。我本來就不是喜歡戶外活動的人。可信任的同事就是對工作負責的同事，一直以來，都是透過工作建立職場的信賴關係。
價值觀	・立刻能尋求協助的人際關係 ・歡迎新成員 ・避免衍生麻煩 ・打造互助的團隊	・週末是自己的時間 ・調劑心情是非常重要的事 ・工作是自己的責任 ・透過工作建立人際關係

步驟二：形成共識的目的

根據價值觀的差異定義形成共識的目的。

・打造一個新人能放心尋求協助的環境
・順利推動業務，避免徒增麻煩

步驟三：優先順序較高的價值觀

接著根據目的決定優先順序較高的價值觀。

・烤肉大會可幫助新人與其他成員了解彼此
・可打造每位成員達成使命的組織
・可維持成員的動力
・讓成員兼顧生活與工作的平衡

步驟四：形成共識

為了實現目的，廣納各方價值觀

整個辦公室一同舉辦既是午餐又是凝聚團體向心力的烤肉會議。

在對話的過程中，形成共識也是等級最高的階段。理想可讓每個人擁有提供意見、經驗與價值觀的能力，所以才建議大家培養以認知四種組合內省與對話的習慣。每個人都擁有自己的意見，同時間願意放下成見，積極了解他人意見的話，就能打造多元意見奏效的團隊。

此外，大量累積形成共識的成功經驗可讓每個人更相信「一起做決定，比一個人做決定更有智慧」。為了達成這個目的，請成為實踐這個信念的人，將大家捲入這個形成共識的過程之中。

重點

○有機會對話與傾聽時，透過認知四種組合聆聽對方的意見。

○於價值觀這個層級與同事或夥伴對話，加深彼此的理解以及信賴感。

○透過對話從別人的經驗學習，得到新的看法。

○培養成員的對話力，打造以多元意見促成共識的團隊。

第 3 章

培育篇

培育自律型學習者

1 培育自動自發的部屬

第三章要介紹透過內省培育部屬的方法。

在社會或組織都從管理型轉型為自律型的現在，每個人都被要求懂得自發學習與成長。引導團隊或組織達成目標的是**激發團隊成員自主性，讓團隊成員成長的領導者**，而不是發號施令與透過管理使喚成員的團隊負責人。

第一章介紹的五種方法也是成為自律型學習者的方法。

建議各位自律型學習者不要只是磨練自己的自學技巧，還要試著發揮領導力，讓自己的身邊出現更多自律型學習者。如果有能力將別人培養為自律型學習者，就能打造自動自發的團隊。

最近蔚為話題的「青色組織」就是沒有科層構造，以組織的目的代替老闆的扁平式組織，身在其中的每個人都認為自發行動是理所當然的事，每個人都是自律型學習者。換句話說，若想讓自己的團隊成為青色組織，大前提就是將成員培育為自律型學習者。

不過，激發自律性與放任不管不同。成人心智發展理提到小孩與成人的成長都少不了他人的參與。

雖然歐美企業不是以長期雇用為前提的「會員制」(Membership)，但培育部屬仍然管理職的重要任務之一。前述奇異（GE）的執行長和其他主管，都將百分之三十的時間用於培育人才。

過去我前往奇異領導力研修中心拜訪時，剛好是預備幹部的研修日，我剛好看到當時的執行長傑夫・伊梅特（Jeffrey Immelt），一邊喝咖啡、一邊觀察學員對話的情形。「為什麼伊梅特這時候會在這？」我問了研修中心的工作人員這個問題之後，對方回答「這在奇異是理所當然的事情，從執行長傑克・威爾許（Jack Welch，一九三五－二〇二〇）的時代開始，執行長都會擔任預備幹部的講師」，之後我在接受日本奇異代表安渕聖司的領導力課程時，也學到「百分之三十的時間用於培育人才的規則」。此外，組織圖的名字旁邊都會另外標記這個人「待在公司幾年」，隨時準備賦予新的經驗。

有些優秀的經驗會覺得「自己做比較快」，而將培育人才這件事放在第二順位。這種做法在小團隊或個人責任不大的時候，或許是最具生產力的方法，但是當團隊的人數增加，責任的範圍擴大，這種做法就會遇到瓶頸，所以在遇到瓶頸之前，請趁著面對每位成員的時候，將時間投資在培育人才的能力上。

第三章將透過下列七個觀點介紹實踐內省的方法。

■ 培育主體性

■ 培養自主思考力

■以期待值達成共識

■傾聽經驗、感受、價值觀，建構互信關係

■活用與欣賞對方的長處

■支援成長

■持續提升自己的培育力

請不斷實踐內省與對話，累積培育人才的能力。

重點

○利用第一章的五個方法培育自動自發的自律型人才。

○不斷實踐內省與對話，累積培育人才的能力。

2 培育主體性

大家對主體性（自主、自動自發）這個字眼有什麼感覺？

是不是覺得不用發號施令，也能自行採取行動的人是「有主體性的人」，以及不下達指令就不會採取行動的人是「沒有主體性的人」呢？這種主體性的定義應該是「能自行思考與採取行動，滿足領導者與組織的期待」對吧？

不過，請大家不要滿足於這種舊時代的主體性，因為自律型人才所需的自律，不只是這種等級的主體性。

本書要培育的主體性是以「完成自訂目的的自我約束」為前提。就算其中的目的是以上司或組織的期待為起點，在採取行動之前，也會先將這個目的視為切身之事。

不管是挑戰新工作，還是磨練自己的技巧，都必須高速實踐「釐清目的、建立假說、採取行動，進行內省，尋找正確解答」這個學習循環。

要讓別人擁有主體性，請先幫助對方熟悉第一章介紹的五個基本方法。

領導者輩出的美國奇異有句「Say Do Ratio」的名言。也就是領導者會反省自己的一言一行，以及得到別人回饋，確認自己言行一致。

培育人才的鐵律就是在要求別人之前，先以自己的一言一行做為模範，之後再要求別人做到一樣的事情，以及讓組織的文化符合期待，藉此打造每個人都有機會培養領導者素養的環境。

當接受指導的一方學會第一章的五個基本內省技巧之後，就有機會如下成長。

■了解自己的內省

了解自己的動機來源，奠定訂立目標的基礎

■形成願景的內省

【圖 3-1】主體性的決策範圍

之後所需的主體性

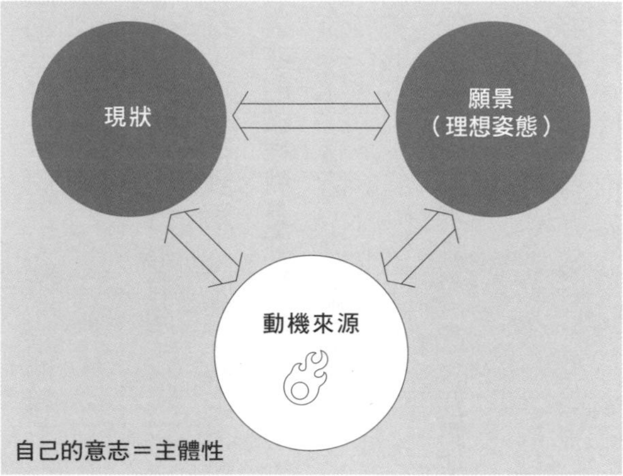

舊時代的主體性

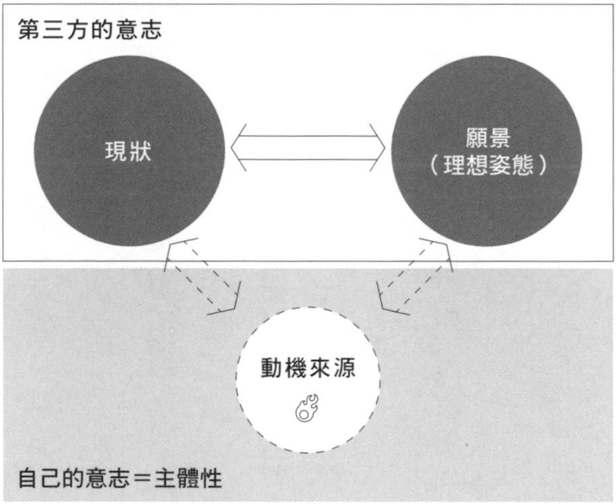

擁有與動機來源有關的目的，願景就會形成

■**從經驗學習的內省**

為了實現願景而訂立假說、採取行動，就能從經驗學習

■**向多元世界學習的內省**

在挑戰未知的課題時，也能從不同的觀點找出創意十足的解決方案

■**為了反學習的內省**

在過去的成功經驗不管理的時候，放下過去所學的一切，擁有全新的觀點，就能找到解決方案

學會這五個方法的人可為了實踐自訂的目的而學習，這也是今後所需的主體性。由於是建立假說再採取行動，所以從經驗學習的目的也十分明確，如此一來，團隊成員發現新事物的速度會變快，也不需要花太多時間指導與培育。這五項方法除了自行運用之外，也請將這五項方法安裝在團隊成員的腦中，提升人才培育的成效。

一聽到累積培育力，大部分的人都會想到是提升指導者的技巧，但其實提升對方的學習力也能提升自己的培育力。

請自行實踐第一章介紹的五個方法，再磨練讓別人實踐這五個方法的能力。

重點

○培養朝著自訂目的採取行動的部屬。

○除了自己實踐五個基本內省方法之外，也幫助部屬實踐。

3 培養自主思考力

有主體性的人會自行思考與行動。會自行思考的人會從「為什麼」(Why)的角度思考「要做什麼」(What),而不是從「該怎麼做」(How)思考。

從「為什麼」思考

在培養從「為什麼」思考的能力時,透過認知四種組合實踐的內省也能派上用場。如果熟悉認知四種組合,除了能擁有意見,還能養成以後設認知的方式,檢視等同於「理由」的經驗、感受與價值觀。若將注意力放在價值觀,就能確認作為判斷標準的「為什麼」。

身為一名指導者，該注意的是不要讓部屬在面對「為什麼」這個問題時，只回答了意見，而是**要從經驗與價值觀這兩個觀點問部屬為什麼會那麼想**。部屬自己也能透過後設認知的方法得知因為重視某些價值觀，所以才會產生那種意見。

接著讓我們透過實例說明。請一邊想像以認知四種組合傾聽對方的「為什麼」，一邊閱讀實例。

引出「為什麼」

接下來是討論專案要成功，什麼是關鍵的對話。

你的提問：要讓專案成功，你覺得什麼重要？

回答：明確的願景（意見）

你的提問：**為什麼覺得願景很重要**（詢問經驗、感受、價值觀）

回答：之後曾遇過一堆優先的成員參與某個專案，結果進度一直不如預期，覺得很有壓力的情況（經驗）。那個專案的目的是新事業的企畫，但沒人知道創立新事業的目的，以及**評估成功的標準**（價值觀），每次討論都得不出結論，實在很痛苦（感受）。

你的提問：**為什麼會因為那次的經驗而覺得願景很重要？**

回答：評估成功的標準若是不一致，就很難集團隊之力開創。

你的提問：換句話說，**要讓專案成功，就得擁有明確的願景，而所謂的願景就是整個團隊評估成功的方式一致對吧**。

讓我們試著以認知四種組合整理這段對話。

意見　要讓專案成功，必須擁有明確的願景。

經驗　過去曾遇過一堆優秀的成員參與某個專案，進度卻總是不如預期，還覺得很有壓力的情況。該專案的目的雖然是新事業的企畫，但沒人知道該創立什麼新事業，所以很難整個團隊一起想企畫。

感受 痛苦、壓力

價值觀 明確的目標、評估成功的標準

像這樣應用認知四種組合就能培養進一步思考的習慣。重點在於培養能客觀檢視「為什麼」會產生那種意見的能力。

如果意見的背後摻雜著強烈的感受（例如憤怒或悲傷），也能透過認知四種組合以後設認知的方式了解這個感受。

利用後設認知的方式檢視藏在意見背後的強烈感受

意見：若不替換專案成員，專案會很難推動。

你的提問：為什麼覺得需要替換成員？（詢問經驗、感受、價值觀）

回答：沒經驗的成員太多，我得花很多時間與精力溝通。就算訂立了計畫，還是有很多成員不知道計畫的意義，每次說明都浪費很多時間。如果把這些時間用來在開發上，專案一定會更有進度。

你的提問：透過這個內省，你對自己的心情有什麼發現？（詢問經驗、感受、價值觀）

回答：開發時程的進度有點落後這點很有壓力。如果只有我一個人的話，專案應該更有進度，我覺得自己被無用的成員扯後腿。

你的提問：能整理一下造成壓力的原因（為什麼）嗎？

回答：開發時程落後、沒能徹底發揮自己的能力都是造成壓力的原因，而這些都是無能的成員造成的。

你的提問：透過這次的內省，你對自己一開始的意見（不更換成員，專案就無法順利推動）有什麼想法？

回答：如果要以現在的成員繼續這個專案，就必須把開發時程安排得更可行。就算是換了成員，只要非得由我指導的情況沒變，將開發時程安得更可行應該比較實際一點。

讓我們透過認知四種組合，整理這段對話。

意見 不更換成員，專案就難以推動。

經驗 沒經驗的成員太多，導致溝通的成本太高。就算訂立了計畫，不了解計畫意義的成員有好幾位，所以浪費很多時間說明。如果將這些時間用在開發上，專案一定能更有進度。

感受 （開發時程落後）煩躁、（無法徹底發揮自己的能力）遺憾

價值觀 速度、嚴守期限、貢獻自己的能力

反覆以認知四種組合實踐內省，就能**培養反問自己「我為什麼會這麼想？」的習慣**，以及後設認知力與更有深度的思考力，最終也能擁有判斷力。

在傾聽意見時，請記得問「為什麼」，聽取藏在意見背後的經驗、感受與價值觀，幫助對方培養自行思考的能力。

先說「為什麼」

美國企業顧問賽門・西奈克（Simon Sinek）曾說：「偉大的領

【圖 3-2】黃金圈

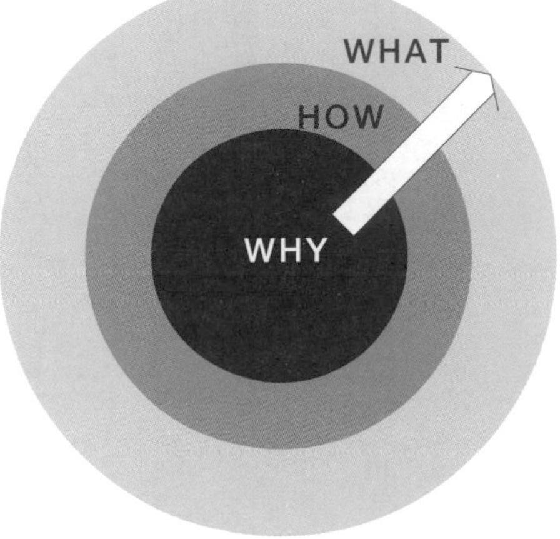

參考：《找到你的為什麼：尋找最值得你燃燒自己、點亮別人熱情的行動計畫》（*Find Your Why: A Practical Guide for Discovering Purpose for You and Your Team*日文版 FIND YOUR WHYあなたとチームを強くするシンプル方法，Discover21）

導者會闡述為什麼」，也介紹了包含「為什麼」（Why）、「做什麼」（What）、「該怎麼做」（How）的黃金圈理論，代表的例子之一就是史蒂夫・賈伯斯（Steve Jobs，一九五五－二〇一一）的演講。

賈伯斯在產品發表會介紹產品時，說的不是產品的規格，而是「為什麼 iPhone 會在這個世界存在，iPhone 對我們的人生將帶來哪些影響」。

黃金圈是偉大的領導者闡述願景的手法，也是培育部屬主體性的溝通框架。只命令部屬「該怎麼做、做什麼」，很有可能會剝奪部屬培育主體性的機會，所以在下達命令時，務必連同「為什麼」一併說清楚。

此外，如果你是接受指令的人，不要只知道「該怎麼做、做什麼」，而是要在了解「為什麼」之後再著手進行工作。

培育主體性的發號施令

對部屬下達指令時，請根據「為什麼」（Why）、「做什麼」（What）、「該怎麼做」

（How）的順序說明。如果是跑業務的指令，就會是下列的內容。

■為什麼（Why）

要在○○業界得到最高的市佔率，就一定要拿下業界第一名的某顧客，所以一定要做好萬全準備。

■做什麼（What）

請做好去某顧客那邊跑業務的準備。

■該怎麼做（How）

請先調出過去跑業務的資料以及業績。

請先收集事業策略這類資訊以及顧客需求的相關資訊。

想必大家已經知道只說明「該怎麼做（How）什麼事（What）」的情況，或是從「為什麼（Why）」開始說明的情況，哪邊才算是完成準備了吧？

此外，除了下達指令之外，說明自己的判斷時，也記得說明「為什麼」，才能幫助部屬培養判斷力。

培養判斷力的說明方式

比方說，該怎麼說明新人研修課程的方針呢？

A案：製作事業部簡介影像

B案：透過連環畫說明事業部十年後的樣貌

■若只說你的結論的情況

這次就採用B案吧。

■以認知四種組合說明你的結果與「為什麼」的情況

意見 這次我想採用B案。

經驗　去年的時候，我請人將事業部的研究資料做成 PowerPoint 投影片再發表。優秀的新人能製作出專業等級的資料，但是資料裡面，沒有半點自己的想法，所以做成每個人都能做得出來的成果。

感受　遺憾

價值觀　希望新人**能加入自己的構思或想法**

以認知四種組合說明判斷的理由，部屬就會了解「你之所以採用 B 案，是因為你很重視輸出自己的理念與想法，所以剛好選擇了連環圖這個方式」。

明確地告知藏在想法背後的價值觀，能幫助部屬擁有自己的判斷準則。只要判斷準則一致，團隊就比較容易成為飛往同一個方向的箭，也比較能凝聚向心力。

在溝通過程中，這四樣不一定得全部告知，可視情況使用四樣、三樣、兩樣組合。

■四種組合**意見＋經驗＋感受＋價值觀**、

■三樣組合**意見＋經驗＋價值觀**

■二樣組合**意見＋經驗**

重點

○向部屬拋出「為什麼」（Why）這個問題，並且詢問藏在意見背後的經驗與價值觀，不要只是詢問意見。

○下達指示時，不要只說「該怎麼做（How）什麼事（What）」，而是要連「為什麼」（Why）都說清楚。

○養成問自己「為什麼會這麼想」的習慣，幫助部屬培養後設認知力與深度思考力。

【圖 3-3】視情況使用認知四種組合

四種組合　意見・經驗・感受・價值觀

意見	意見
經驗	與意見有關的經驗（包含已知的事情）是什麼？
感受	這項經驗與哪些感受連動？
價值觀	從中找到什麼重要的價值觀？

POINT

想透過後設認知的方式了解自己時，
或是想帶著共鳴傾聽對方的意見時，都可使用。

三種組合　意見・經驗・感情

意見	意見
經驗	與意見有關的經驗（包含已知的事情）是什麼？
價值觀	從中找到什麼重要的價值觀？

POINT

做決定的時候、
想正確了解他人意見的時候

二種組合　意見・經驗

意見	意見
經驗	與意見有關的經驗（包含已知的事情）是什麼？

POINT

表達意見之際最簡化的組合

4 以期待值達成共識

一旦達成業績目標，成就感與自信也會跟著來，要想得到旁人的信賴或好評，達成目標當然也是非常重要的一環。

為此，**每個人都該正確了解自己的目標（使命）**。目標不明確，就無法實踐內省。

部屬無法順利達成你交辦的任務，可能有很多理由，比方說，部屬的經驗或能力不足，或是這項工作與部屬的期待有落差。

但更常見的理由是在**你以為自己說清楚了，對方也以為自己聽懂了的情況下開始工作，也就是從一開始的期待值就產生誤差**。

當部屬自信滿滿地向你報告「完成了」，結果你發現「這跟當初拜託的事情不一樣……」而感到失望，不知道大家是否也有過類似的經驗呢？

期待值之所以有誤差，往往源自「解釋的誤差」。部屬用於理解解釋的經驗與價值觀，不一定會與你的相同，所以雙方才會在「你以為說清楚」、「對方以為聽懂了」的情況下工作。透過認知四種組合著手完成接下來介紹的 SMART 目標，就能減少「解釋的誤差」。

SMART 目標分別是五個英文單字的首字。

■ **S：SPECIFIC**（具體的目標）讓目標變得更具體。

■ **M：MEASURABLE**（可衡量的目標）找出明確評估成功的標準。

■ **A：ACHIEVABLE**（可達成而且具有一定挑戰性的目標）根據當事人的經驗與能力，訂立可行的挑戰。

■ **R：RELEVANT**（與組織需求的相關性）能滿足顧客或組織需求的任務。說明任務與組織的願景、策略、方針的相關性。說明 R 能讓部屬站在組織的視角，俯瞰整個任務。

■T：TIME（時間軸、時程表）訂立明確的時程表。

在SMART目標之中，每個人應該早就都懂得具體說明目標以及訂立明確期限這些事了吧。

不過，許多人也還沒有訂立MEASURABLE（可衡量的目標）、ACHIEVABLE（可達成而且具有挑戰的目標）與RELEVANT（與組織需求的相關性）的習慣對吧。

尤其要以自律型學習者採取行動的重要方針就是評估成功的標準。評估成功的標準除了量化的標準，還有質化的標準。

以跑業務來說，設定數值類的目標非常簡單，但行政類的工作就很難設定這種量化的目標，也不容易設定可衡量的評估標準。

此時可試著設定質化的評估標準。以製作資料為例，期待品質與前次資料相同也是一種評估標準。

如果覺得品質的定義模糊不清，可試著將定義拆解成分析複雜度、資訊量、格式、頁數，讓彼此對品質的認知達成一致。

設定評估成功的標準時，也可以利用認知四種組合將藏在意見背後的判斷標準（價值觀）化為白紙黑字。比方說，將理想姿態（意見）套用在具體的經驗，找出內心（感受）感到滿足的條件（價值觀），藉此找出可用於評估成功的標準。

重點在於看到成品時，雙方的滿意度一致。「當事人很滿意，只有你不滿意」的狀態就是期待值不一致所導致的結果。要讓部屬做出你期待的結果，就得消除期待值的落差。

最該避免的就是讓部屬或團隊成員因為不清不楚的目標，捲入再怎麼努力也無法開花結果的挑戰，這種努力當然無法得到任何人的讚賞。無意義的挑戰無法讓人成長，只會讓人愈來愈沒動力。

實作十　利用 SMART 目標交辦工作

接下來以拜託部屬準備會議事宜的場景為例，說明化解期待值誤差的 SMART 目標。

SMART 目標的使用範例

SPECIFIC（具體的目標）	由於接下來要去顧客 X 公司跑業務，所以要準備開會。希望部屬收集一些能強化提案的資訊，製作包含基本資料與提案內容的簡報，完成會議的準備。
MEASURABLE（可衡量的目標）	希望準備下列的資料。 ・過去跑業務的資料、採用成效的資訊 ・過去的採用成效為客戶的事業戰略創造了哪些附加價值 ・最新的事業戰略與採用公司的新服務能創造哪些價值的假設。
ACHIEVABLE（可達成而且具有一定挑戰性的目標）	由於 X 公司是業界龍頭，所以這是目標很高的工作，但之前曾為了 Y 公司進行類似的準備，所以是可行的挑戰。
RELEVANT（與組織需求的相關性）	能否開創新服務的市場與能否獲得 X 顧客的訂單息息相關，所以對公司來說，這是一項充滿戰略性的業務活動。
TIME（時間軸、時程表）	相關的會議將在下週星期四的下午三點舉行，所以希望部屬能在這之前完成準備。

習於替工作訂立明確的成功評估標準，就能幫助部屬養成主體性，自動自發地採取行動。

為了打造每個人都能在理解最終目標之後採取行動的環境，請利用SMART目標管理期待值。

重點

○為了避免「解釋的誤差」要透過認知四種組合確認對方是不是真的理解。
○將SMART目標化為共通語言，讓你與部屬的期待值一致。
○要讓期待值一致，就必須一開始訂出評估成功的標準（量化或質化皆可）

5 傾聽經驗、感受、價值觀，建立互信關係

要發揮培育人才的能力就必須與對方建立信賴關係，此時所需的就是傾聽的能力。

許多人都耗費了許多時間互相理解，也試圖傾聽對方的心聲，甚至有些人會定期進行一對一的面談，但我還是常聽到很多人抱怨，彼此無法進一步了解或是時間不夠。看來，這些人都認為要進一步互相了解，需要耗費不少時間。

認知四種組合也能幫助我們傾聽對方的心聲。

與對方交談時，不要只問「你有什麼想法？」而是要進一步詢問隱藏在意見背後的經驗、感受與價值觀，這樣才能快速了解對方。

大部分的人在與對方交談時，都將注意力放在「對方的意見」，而為了了解對方的意見，都會利用自己的經驗與價值觀解釋與理解這些意見，但這種傾聽方式不管過了多久，都無法理解對方在想像麼。

讓我們透過實例看看自行詮釋對方的說法，會得到什麼結果吧。

× 自行詮釋對方的說法

對方的意見：我覺得這項挑戰沒什麼意義。

你的解釋：該不會是想逃避挑戰吧？人生沒有毫無意義的挑戰。看來這傢伙柿子只想挑軟的吃吧。我以前也有過類似的想法，但當時的我咬牙撐了過去才有所成長。

像這樣自行解釋對方的一句話是無法了解對方真正的想法的。當我們懂得以認知四種組合傾聽對方的意見，就能進一步知道對方是基於何種想法才有此發言。

○利用認知四種組合傾聽

詢問對方為什麼（Why）會有那樣的想法，傾聽對方的經驗、感受與價值觀。

■對方的認知四種組合

意　見	我覺得這項挑戰沒什麼意義。
經　驗	已經有團隊成員挑戰過，而且他也很有進展。由於對方已經做過了，所以我也沒什麼好挑戰的。
感　受	遺憾、不甘心
價值觀	想透過挑戰成長

在以認知四種組合傾聽之前，以為「對方是不是想逃避挑戰」，但其實對方想的是「想透過挑戰成長」。

由此可知，自行解釋對方的發言是很危險的事情。如果真的想了解對方的想法，就透過認知四種組合傾聽吧。

帶著共鳴傾聽

帶著共鳴傾聽，並不代表贊同對方。

以認知四種組合傾聽，可知道對方經歷過哪些事情，又賦予這些經歷哪些意義，而且還能知道對方「是因為重視哪些事情，所以才會有這些想法」。

傾聽這一連串的資訊，了解對方的世界就是帶著共鳴傾聽。

就算經歷了相同的事情，也不見得會有相同的感受，每個人在當下的感受都是不一樣的。

帶著共鳴傾聽的**重點在於不要妄加評斷對方的想法或心情**。所謂的傾聽不是贊同，不需要自行解釋對方的說法，只需要正確地聆聽對方的想法與心情即可。

說到底，對方之所以會有這些想法，都是基於某些背景，所以我們該做的是根據這些背景正確地了解對方的想法。正確地了解對方的想法之後，在下個階段評估對方的想法即可。

我們最不該做的就是自行解釋對方的想法，還以為自己了解對方，以及只憑自己的解釋做出判斷。

就前面的實例而言，如果你把部屬那句「我覺得這項挑戰沒什麼意義」，解釋成「這傢伙只是想偷懶吧？」然後跟對方說「要不要再努力一下？」會得到什麼結果呢？請大家想像一下。

原本要給這位部屬的挑戰被其他團隊成員拿走，這位部屬也無從得知自己沒機會進行挑戰。

不了解部屬想法的你在聽到部屬說「這項挑戰沒什麼意義」的時候，也可能會不自覺地對部屬另有看法。

透過認知四種組合傾聽對方的想法，了解感受與隱藏的價值觀之後，就跟對方說，你完全知道他為什麼會有這些想法，這麼一來，對方也會跟著放輕鬆，因為每個人在得知自己的想法有人了解時，都會有類似的反應。

聽出對方的意見、經驗、感受、價值觀之後，可幫助對方以後設認知的方式檢視自己為什麼會感情用事，以及知道哪種價值觀未得到滿足時，會產生負面的感受。一旦對方能透過後設認知的方式檢視自己，就有可能冷靜下來，思考接下來該怎麼走。

察覺躲在潛意識之中的偏見

躲在潛意識之中的偏見常於性別或其他多元性的議題出現，但其實「這個人肯定是○○」這種根深蒂固的成見，其實也是一種偏見。

我們對別人的看法都是在各種人際關係之中慢慢累積與形成的。比方說，無法成功培育部屬的人無法從培育人才這件事找到價值，也有可能會覺得「人是不可能會成長的」，有些人則會因為某些苦痛的過去而覺得「會說這種話的人不值得信賴」、「會這麼做的人，肯定是個隨便的人」。

一旦這種成見在心裡扎根，我們就會習慣透過帶有這種成見的鏡頭眺望世界，而這些成見也漸漸地沉入潛意識之中，形成難以察覺的偏見，也讓我們無法與別人建立良好的人際關係。

當我們對某個人抱持著負面情緒時，很有可能代表我們莫名地對這個人有偏見。透過兩次內省檢視自己對對方的印象與評價，就能揪出躲在潛意識之中的偏見。第一次的內省是檢視自己的意見，想想自己為什麼會對對方抱持著負面情緒。第二次的內省則是檢視在這些負面情緒背後的價值觀（對事物的看法）。進行兩次內省，就能透過後設認知的方式確認這些藏在潛意識之中的偏見是如何形成的。

從潛意識揪出偏見的內省

■第一次的內省

從對對方的負面意見之中挑一個出來，再利用認知四種組合檢視。

意見 無法期待這個人會成功。

經驗 明明曾經失敗過，卻似乎沒有汲取任何教訓。

感受　失望

價值觀　成功的人會從失敗學習

■第二次的內省

在第一次的內省釐清自己的價值觀（對事物的看法）之後，接著將這個價值觀當成認知四種組合的「意見」，再進行一次內省。

意見　無法從失敗汲取教訓的人不會成功。

經驗　在過去以導師的身分指導的人，總是重覆相同的失敗，沒辦法從失敗學到任何事情。由於已經指導了三年，所以覺得再指導也只是浪費時間，故而辭去導師一職。

感受　遺憾

價值觀　學習可開創未來

第一次的內省結束之後，你發現自己之所以覺得「這個人不會成功」，是因為「成功的人懂得從失敗學習」的價值觀（對事物的看法）。

在第二次的內省結束後，你知道前述這個價值觀（對事物的看法）是透過哪些經驗形成的。在第二次內省看到的是，你花了三年的時間與期待，卻遲遲無法帶領對方走上成功之路，這件事也讓你覺得很痛苦，這也違背了「學習可開創未來」這個你很重視的價值觀。所以當你遇到無法從失敗學習，就會覺得這是一件大事，也認為「這個人不會成功」。

我們總是會像這樣**在不同的情況下，總是以過去的經驗判斷事情**。尤其在與別人的關係之中，這些判斷標準會成為藏在無意識之中的偏見，導致你培育人才的能力變弱。

為了避免這種情況發生，必須在發現自己對於要培養的人才抱持著負面情緒或評價時，要至少進行兩次內省，以便透過後設認知的方式檢視藏在潛意識之中的偏見。

提升心理的安全性

一般認為，要打造良好的學習環境，就少不了心理的安全性。

所謂心理的安全性就是即使失敗，也不會當成笨蛋或是沒用的人。

如果能待在這種充滿安全感的環境之中，我們不會害怕失敗，也能進行挑戰。挑戰大型目標的經驗是成長必需的養分，如果想鼓勵別人透過挑戰讓自己成長，就要打造一個充滿安心感的環境。

不管是誰，只要能在充滿安心感的環境下實踐內省，應該就能深刻體會「挑戰目標的失敗是邁向成功的必經之路，也是成長的過程」這項道理。重點在於從成功與失敗的經驗學習，再將學習成果用於未來的行動。

要營造所謂的安心感，就必須注意職場的人際關係。

《謙遜領導力》（*Humble Leadership: The Power of Relationships, Openness, and Trust*）的作者之一的埃德加．沙因（Edgar H. Schein）曾指出，人際關係也有所謂的層級。

■負層級一：完全沒有所謂的人情，只有統治與被統治的關係
■層級一：單純的業務關係
■層級二：個人互相信賴的關係
■層級三：更親近的層級二關係

傳統的組織都將層級一的「單純的業務關係」視為職場人際關係的常態，但今時今日的組織卻需要升級為層級二的「個人互相信賴的關係」。當職場的人際關係更有人情味，也會讓我們覺得職場是個讓人放心的環境，個人與團隊的表現也會更優異。

以本書介紹的「認知四種組合」進行的溝通，以及從「實作三：經驗學習的內省」（八十二頁）都有強化安心感的效果。只要願意放開心胸，分享自己的想法、心情與價值觀，我們就能進一步了解彼此，也能放心地相處。此外，每個人都願意打開心門，傾聽別人的失敗，就會覺得自己處在安全的環境之中。若能從彼此的經驗找到價值，分享彼此對經驗的看法，就能在沒有半點風險的狀態下，分享學習的成果。

充滿安心感的環境是打造鼓勵挑戰、應用多元概念的職場所不可或缺的，第四章將從打造團隊的觀點進一步介紹心理上的安全是怎麼一回事。

重點

- ○為了避免誤解，要以認知四種組合傾聽對方的想法。
- ○與感情用事的人相處時，要更用心體會對方的感受，告訴對方你感同身受。
- ○藏在潛意識之中的偏見是阻礙人際關係發展的因素，所以要透過兩次的內省，以後設認知的方式檢視自己的偏見。
- ○與部屬分享透過經驗學習的內省與認知四種組合，打造充滿安心感的環境。

6 活用與欣賞對方的長處

想必每個人都曾在發揮自己的長處之後得到成就感，以及覺得自己很有貢獻對吧？

但是，要想了解自己的強項，是件比想像中困難的事，因為**對我們來說，那些擅長的事情一點都不難，會讓我們覺得做得到這些事情很理所當然，不是什麼特別的事情。**

所以來自別人的回饋以及與不同領域的人切磋，都是讓自己更了解自己的絕佳機會。個人優勢分析測驗或邁爾斯布里格斯性格分類指標（Myers-Briggs Type Indicator，ＭＢＴＩ）或許也是了解自己的利器。

接下來，要介紹的是讓部屬了解自身優勢的讚美方式。

讚美的好處不只是幫助部屬了解自己的長處，以及強化這項長處，讚美長處，還能幫助部屬察覺需要改進的部分，讓部屬更快成長。

一次負評奉還五倍讚美

大家知道讚美與負評也有所謂的理想比例嗎？

馬歇爾・羅沙達博士（Marcial Losada，一九三九—二〇二〇）在其心理學法則「羅沙達法則」提到正面與負面評價的理想比例為三比一（三次讚美：一次責罵）。原因在於負面回饋在我們心中佔據的面積，似乎比正面訊息大三倍。

如果你總是以一比一的比例給予別人正面與負面的回饋，對方就會覺得「你總是給我負評」，有可能關上心門，不再理會你的任何回饋。

也就是說，要讓負面回饋更有效果，要記得先稱讚對方三次。大家應該已經知道，經常讚美是培養人才的不二法門吧。

幾年前，正向態度教練聯盟（Positive Coaching Alliance，PCA）創辦人金・湯普森（Jim Thompson）來到日本的時候，我有幸聽到他的演講。

PCA是前史丹佛大學MBA教授湯普森於一九九八年度設立的組織，也是培訓體育教練的非營利組織。

我對PCA的「給予五次誠實而具體的正面評價之後，再給予一次有建設性的負面評價」是最有效的「魔法比率」這點印象深刻。

湯普森提出正向理念教練法（Double-Goal Coach），是以「獲勝」及

【圖 3-4】正向態度教練聯盟

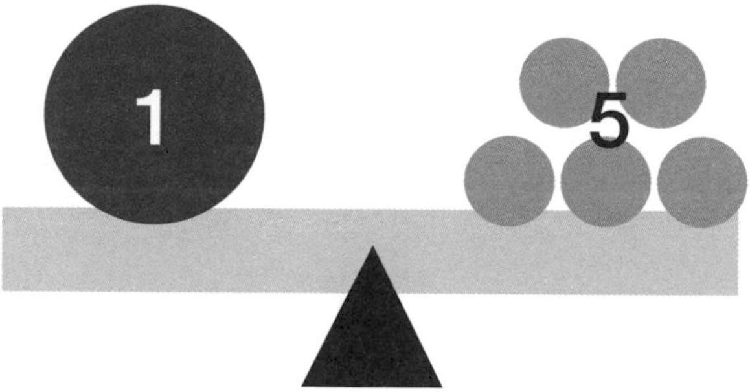

POINT

五次讚美、一次建言：
好評與負評回饋的完美比例

「幫助學員成長」為主旨，目標已有三千五百個團隊（學習、運動社團、體育設施）採用這套方法，參加課程的學生也超過一千九百萬人。

在全美得到高度評價的「兒童體育教練法」（Youth Sports Coach）則鼓勵教練給予兒童比羅沙達法則的三比一更多的讚美。請大家效法 P C A 的「魔法比率」，以五比一為目標，同時以三比一的比例給予讚美與具有建設性的負面回饋。

讚美是有技巧的。利用認知四種組合讚美別人，也能讓對方徹底了解你的心情。大家得到什麼稱讚最開心？是開的車子嗎？還是因為業績被表揚？還是你的誠實與體貼呢？

就一般人而言，**個人特質或人格受到讚美是最開心的事情**，前面提到的「誠實」「體貼」就屬於這一塊，其次是業績，最後才是擁有的東西。

每個人的感受雖然不盡相同，但不管如何，讓對方知道你不是基於客套才讚美他，是非常重要的一件事。

除了跟對方說「你的創意真是太棒了」，還要記得附上「每次有你參加腦力激盪會議，每個人的大腦都像是得到刺激般，不斷地湧出許多想法」這類具體的事實，讓對方體會你的真心。

利用認知四種組合讚美

意　見　A的創意實在太棒了！

經　驗　每次有A參加腦力激盪會議，大家都會被A的想法刺激，一直提出意見喲。整場會議也變得很歡迎天馬行空的提案，大家也樂於出意見。前幾天的腦力激盪會議沒有A參加，我也試著要像A一樣提出創意，卻怎麼也做不到。

感　受　（與A一起腦力激盪）有趣、（沒有A的腦力激盪會議）遺憾

價值觀　讓創意不斷延伸的創造力（是團隊需要的力量）

就算不需要讚美，也可以藉故讚美

當我提到讚美和負評的比例最好是三比一或五比一，有些人問：「如果沒有可以讚美的地方，該怎麼辦？」尤其在面對那些「有很多缺失得提醒的人，真的很難找到可圈可點的部分」，這也是許多人共通的煩惱。

這時候請大家試著**有機會就讚美，哪怕只是雞毛蒜皮的小事**。

如果覺得「沒有可以讚美的地方」，就有必要切換對事物的看法。利用認知四種組合檢視自己的內在，以及安裝尋找優點的看法。

比方說，如果對方的聲音很洪亮，可以跟他說「你的聲音很有活力，聽起來很舒服」，如果對方很愛惜自己的物品，也可以試著讚美對方的筆或筆記本，讚美對方的興趣也不錯，總之請找出可以讚美的事情。

無處可讚美的內省

■步驟一：以後設認知的方式檢視目前的看法

意見　**沒有可讚美的地方**

經驗　要達成業績目標，其他的成員就必須擔起B的額度。

感受　遺憾、憂鬱

價值觀　達成業績目標、對結果負責任、追求至善至美

在步驟一結束之後，會知道自己覺得無處可讚美的理由。進入步驟二之後，要試著將注意力從達成業績目標，需要解決哪些課題的部分移至尋找可讚美的部分。這時候的重點在於控制感受，以及不預做任何價值判斷。

■步驟二：找出可讚美的地方

意見　找出可讚美的地方

經驗 就算業績目標沒有達成，但B還是很開朗、有活力，也很幽默。如果讓他負責活動企畫，絕對是天下無敵。

感受 平穩

價值觀 正面思考、開朗、活潑、開心

一旦我們的大腦將某件事情視為「課題」，就會比較容易記住與這個課題有關的資訊，而這個課題也會逐漸在腦海之中膨脹。當你覺得某個人「沒有可讚美的地方」，這件事一樣會成為課題，而且在你的腦中愈來愈膨脹。一旦你覺得這個課題很麻煩，就會摻雜自己的感受，導致這個課題像吹氣球般愈漲愈大。

如果能在這時候以後設認知的方法檢視自己的想法與感受，就能禁止自己預做判斷，也能找出對方的優點。

到了這個階段，培育人才就像是某種修行，一旦能戰勝壓力，培育人才的效率就會提升。

要找出可讚美的部分，就必須用心觀察對方。要想讓負面回饋奏效就得多讚美對

方。請先試著多讚美那些總是能回應你的期待的部屬，之後也要控制自己的感受，不預做任何評價判斷，盡可能試著讚美那些評價較差的部屬。一旦懂得讚美，就能更有效率地培育人才。

重點

○自己很難察覺自己擅長的事，所以要告訴部屬，他發揮了自己的能力以及做出貢獻，幫助部屬客觀看待自己的強項。
○利用認知四種組合讓讚美更有效。
○正面回饋與負面回饋的比例最好是三比一（懂得讚美的人可以是五比一）。
○就算覺得對方「無處可讚美」，也要控制自己的感受，放下成見，試著找出對方的優點。

7 支援成長

前述的成人心智發展理論提到，再怎麼優先的人，也需要別人的支援才能成長。許多人以為優秀的人可以自行成長，所以自己的成長不需要他人的協助，但其實優秀的人若能得到別人的協助，成長的力道與幅度將更為明顯。

哈佛大學教育研究所庫特・費雪（Kurt W. Fischer）曾在其提倡的「動態技巧理論」（Dynamic Skill Theory，成人心智發展理論）提到我們的成長分成兩種類型。一種是「最佳等級成長」，另一種是「機能等級成長」。最佳等級成長是接受他人支援的成長，機能等級成長則是未接受他人支援的成長。

許多自律型的優秀人才都會說自己沒有接受他人協助的記憶，所以他們都覺得

「每個人都得自己培養自己，沒辦法請別人幫助」。

不過，一如【圖3-5】所述，若能接受上司或其他人的支援，成長的幅度就會明顯揚升。

在培育部屬的時候，記得採用接下來介紹的回饋，幫助部屬成長。

回饋務必一針見血

許多人都以為要培育人才，就要多花時間與對方溝通，不過，就算投注了大量的時間，似乎不見得就能見到效果。

【圖 3-5】庫特費雪的動態技巧理論（Dynamic Skill Theory）

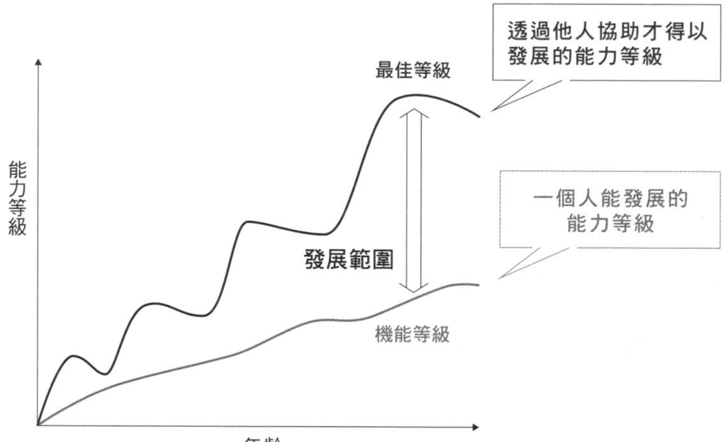

參考：《成人心智發展理論的能力成長》（*Processes and Mechanisms of Skill Development*）（日本能率協會管理中心出版）

過去GAFA（Google、Amazon、Facebook、Apple。按：Google已改名為Alphabet、Facebook已改名為Meta）曾以日本法人為對象，實施在全世界實施的領導力培訓課程。

在這個課程之中，有一段提到「優秀的領導者，一年只需要花費二十分鐘回饋一位部屬」。

祕訣在於上司能夠一針見血地回饋，得到回饋的部屬也能內省的能力。由於第一章已經介紹過提升部屬內省力的方法，所以在此就針對提升回饋品質的方法說明。

要提升回饋的品質，第一步得**先以後設認知的方式，檢視自己對部屬的評價**。要有效率地回饋，就必須將你感知（親眼看到的事情或經驗）到的事實與部屬的評價分開來，客觀地檢視這兩個部分。

×以自己的解釋回饋

■ **你感知（親眼看到的事情或經驗）的事實**

部屬連續三次沒在期限之內交出資料。

每次告誡他，部屬都會說「很對不起」，但下次還是遲交。

這個狀態一直沒有改善。

■ **你對部屬的評價**

工作速度很慢

你以「工作速度很慢」解釋了你所感知的事實。

除了「工作速度很慢」之外，你所感知的事實還有不同的解釋。比方說，沒有責任感、不在乎我的命令、工作能力很差、不可靠或是諸如此類的解釋。

這時候大部分的人都會跟部屬說「你的工作速度很慢，我希望你能快一點」，原封不動地將自己的解釋回饋給部屬，但遺憾的是，這種回饋一點效果也沒有，因為你雖然對事實有自己的解釋，但對方不一定從同一個角度解釋同一個事實。

尤其當彼此的期待值有落差時，更是無法讓對方感受到你的回饋與用意，導致你的回饋只是在浪費時間。

那麼該回饋什麼才能幫助部屬成長呢？讓我們剛剛的實例思考看看吧。

○回饋事實

■步驟一：針對自己的感受內省

第一步要先內省自己的感受，才能冷靜地回饋。**一旦回饋的時候摻雜了感受，回饋的效果就會打折扣**，所以請先讓自己恢復冷靜。

意見 希望不要再遲交資料。

經驗 連續三次超過期限才交資料。

一問「那份資料的進度如何？」就說「會提出資料」。

每次告誡部屬，每次都只會說「很抱歉」，但下次還是遲交。

這個狀態一直沒有改善。

感受 煩躁

價值觀 嚴守期限、約定、信賴、責任、身為職場工作者和社會人士的常識、認真

實踐內省可明白自己為了什麼煩躁。部屬的行動違反了你重視的每一種價值觀（嚴守期限、約定、信賴、責任、社會人士的常識、認真），所以你當然會煩躁。

透過後設認知的方式掌握自己的感受之後，讓感受穩定下來，以及放下成見，準備冷靜地給予回饋。

■**步驟二：準備回饋**

從對方的行動、結果、理想的行動這三點回饋。

對方的行動　**從事實的角度，具體說明對方的行動**

「前幾天拜託你製作資料的時候，約好是二月三日交件，但你卻在二月五日才交件。」

結果　**說明行動的結果**。

「晚兩天交件導致需要這份資料才能製作企畫書的團隊成員沒辦法進行預定的工作，只能等到資料到了才動工，也因此被迫加班。你一個人不遵守期限，就會害同事的計畫被迫延遲，同事也必須因此加班。」

一般的回饋很容易忽略成果，但**說明結果是證明對方的行動有問題的關鍵**。

理想的行動　**告知理想的行動**

「一定要遵守期限。如果實在來不及，要先商量能不能寬限幾天，或是請別人幫忙，總之要想辦法趕上期限」

像這樣**在事情發生之後，記憶還很深刻的時候回饋是最理想的模式**。在先前的實例之中，同樣的事情已經發生很多次，所以讓我們試著一件一件回顧。

實際的行動

- 超過期限才交出資料。
- 之後又連續三次超過期限才交出資料。
- 雖然部屬道歉，但下次又遲交。

結果

- 超過期限才交資料

↓我跟顧客謝罪

・之後又連續三次超過期限才交出資料。

↓注意到這點的我提早了期限，所以沒發生問題。此時已不對部屬有任何期待。

・雖然部屬道歉，但下次又遲交。

↓我因此非常生氣。

透過上述的回顧會發現「在部屬第一次遲交時幫忙解決，反而使狀況更加惡化」。

照理說，應該要在第一次遲交的時候就立刻給予回饋。請不要抱著「才一次而已，先看看狀況再說」或「盡可能不要給予負面回饋」這種心態，而是要在發現課題的當下，趁著記憶還新鮮的時候，立刻給予回饋。

接著讓我們回到剛剛的實例。假設時間倒流至部屬第一次遲交的時候，該如何回饋才正確呢？

一發現課題就立刻回饋

實際的行動（事實）

你提出資料的時間點是在期限的兩天後。

結　果

我向顧客謝罪。由於跟客戶的關係不錯，所以只需要謝罪，事情就解決了。

理想的行動

遵守期限是非常重要的事，希望你能準時交出資料。如果因為某些緣故而延遲，希望早點告知。

給予回饋之後，輪到部屬進行內省。無法在期限之內交出資料的理由非常多。

比方說，對於期限的認知有問題，或是知道客戶其實不急，又或者先做了其他的工作，也有可能是因為不知道該怎麼製作資料。

如果不問，就不知道遲交的理由。有些理由很單純，但有時候則是「不知道該怎麼準備資料」，這時候就得試著解決問題。**傾聽部屬的內省與確認部屬的狀況吧**。若需要回顧經驗，可透過對話，幫助部屬進行內省。

學會正式版的回饋

到目前為止，介紹了陽春版的回饋，接下來要說明正式版的回饋。

雖然不需要常常進行正式的回饋，但先記住流程，就能有效地進行回饋。

■ 1 分享話題

確定要討論的是何時的哪個事件。

以兩個人一起經歷的事情進行反省，是這個步驟的重點。

2　分享當事人的自我認知（優點、有待改善的部分）

透過內省詢問當事人對這個事件的認知，決定回饋的內容。

3　以培訓者的詞彙整理當事人對自己的認知，以及分享認知

告訴對方你如何看待他的自我認知，讓彼此達成共識。此時可透過認知四種組合整理你聽到的內容，會比較容易確認是哪些內容。

4　回饋優點

為了讓對方更能接受負面回饋，要先告訴對方正面回饋。透過認知四種組合了解要讚美的事件之後，就能有效地讚美對方。

5　回饋有待改善的部分

回饋對方有待改善的部分，也就是此次談話的目的。可參考二五九至二六四頁的模擬回饋情境：對方「實際的行動」、「行動的結果」和「理想的行動」

這個流程，快速讓對方知道你想說的事情。

■ 6 針對回饋進行內省與進行互相了解的對話

要求對方針對回饋進行內省，再透過對話對下列三點形成共識，尋求解決課題的方法。

- 實際的行動與理想的行動之間的落差
- 實際的行動與行動結果之間的因果關係
- 理想的行動無法實現的原因（期待值的誤差、知識或經驗不足）

要與部屬達成共識，就不能只問部屬的意見，還要傾聽藏在這個意見背後的經驗與價值觀。尤其只有部屬才知道「理想的行動無法實現的原因」，所以一定要請部屬徹底進行內省。其實這個原因很常與部屬的想法偏差有關。這時候可要求部屬進行「找出無法改變行動的理由」（七十八頁）的內省，確認作為行動前提的假設。

■ 7 整理形成共識的部分

整理透過對話形成共識的部分。

■ 8 訂立行動計畫

訂立改善行動所需的行動計畫。

■ 9 確認彼此都了解彼此的期待

在目標是達成什麼狀況以及實施哪些行動計畫這兩點達成共識。

■ 10 規畫追蹤時程表

為了確認行動是否確實改善，訂立確認狀況的時間點。

■ 11 彼此道謝，結束回饋

【圖 3-6】正式回饋的流程

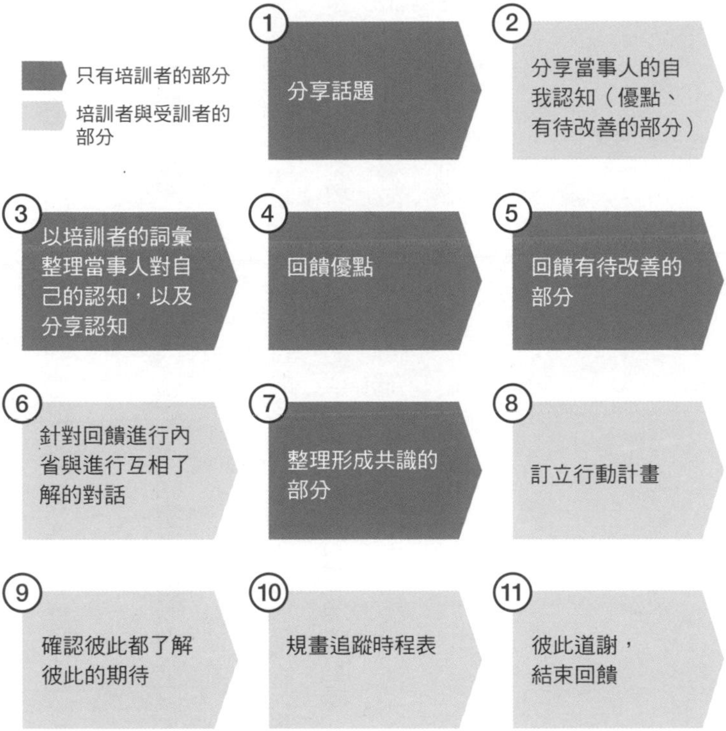
只有培訓者的部分
培訓者與受訓者的部分
① 分享話題
② 分享當事人的自我認知（優點、有待改善的部分）
③ 以培訓者的詞彙整理當事人對自己的認知，以及分享認知
④ 回饋優點
⑤ 回饋有待改善的部分
⑥ 針對回饋進行內省與進行互相了解的對話
⑦ 整理形成共識的部分
⑧ 訂立行動計畫
⑨ 確認彼此都了解彼此的期待
⑩ 規畫追蹤時程表
⑪ 彼此道謝，結束回饋

POINT

回饋不是「說完就結束」，
而是要透過對話與內省達成共識。

坦誠對話，讚賞積極改善的態度以及互相道謝與打氣。要展現「需要支援的時候，希望直接尋求幫助，不要等到追蹤時程表的時間點才說」的態度。

就算表面的課題一樣，形成課題的原因還是每個人不同，而且也會隨著情況改變。

發現部屬的課題（期待與現實的落差）之後，我們很容易立刻聯想到是部屬的能力不足，但其實更常見的是**部屬對工作有另外的想法或堅持，所以忽略了重要的部分**。請試著透過內省與對話，幫助部屬找出解決課題的方法。

重點

○在回饋之前，先利用認知四種組合針對事實（親眼看到的事、經歷的事）進行後設認知。

○針對對方的行動、行動的結果、理想的行動這三個部分回饋。

○回饋之後，透過對話幫助部屬內省。

○記住正式回饋的流程，再趁著非正式的回饋之際應用。

8 持續提升自己的培育力

為了成為更好的指導者，請記得對自己的指導方式進行內省。

之前在七十三頁「發自內心的內省有助於學習」介紹了內省共有四個等級，等級一是針對發生的事件或結果進行內省，等級二是針對他人或環境的內省，等級三是針對自己的行動內省，等級四是針對內在的內省。

前面已經提過，要想大幅改造自己，就必須進行等級四回顧自身內在的內省。即使是身為指導他人的指導者，這仍是不變的原則。**不過，負責指導他人的人，常常只停留在等級一與等級二的內省**。

找到受訓者的課題，以及全心指導對方，觀察對方的成長的時候，身為指導者的自己很容易忘記檢視自己的行動與內在。

要更全面地指導對方，需要觀察對方，掌握對方的現狀與變化，但是當我們看不到對方的變化，感受不到對方有所成長時，就有必要進行等級三與四的內省，**檢視自己的行動與內在，才能優化自己的指導方式**。

×等級一、二：針對結果、事件、他人、環境的內省

意見　部屬的生產力一直無法提升

經驗　這位部屬是個不錯的人，但工作速度太慢，尤其最近整個團隊忙得團團轉，每個人都在努力提升自己的生產力，唯獨他還是依然故我地以原本的節奏工作，所以我要求他改善，但遲遲看不到任何改善的跡象。

感受　煩惱

價值觀　進化、生產力、協力合作

×等級三：針對自己的行動內省

意見 告訴這位部屬，我希望他提升生產力。

經驗 告訴他最近工作量增加，大家都為了提升生產力而努力，希望他能努力找到工作的方法。這位部屬聽到之後，洪亮地回答了「遵命」，所以我覺得他應該聽懂了，沒想到他的工作方式還是沒什麼改變，工作的速度還是慢吞吞。

感受 煩惱

價值觀 進化、生產力、協力合作

○等級四：針對內在的內省

意見 除了他以外，每個人都承擔了比過往更多的工作。沒特別為團隊成員說明什麼，也沒有傳授提升生產力的方法，所以若是要求他提升生產力，他一定也能跟別人一樣提升。

經驗 就算工作量不斷增加，其他人還是互相幫忙，不至於怠慢了顧客。雖然都有表達感謝與慰問的心意，但就算沒有特別要求其他人提升生產力，每個人還是能自動自發。

感受 （每個人自動自發）感激、（他的工作態度沒有任何改變）遺憾

價值觀 主體性、應變能力

針對自己的內在進行內省之後，會發現自己的想法是以「只要他了解情況，他應該會跟上別人的腳步」為前提，但實際情況卻不是如此，代表這個假設是不成立的。

如果怎麼指導也沒有具體的成效時，可試著將焦點從對方的課題移開，**回過頭來檢視自己選擇的指導方式以及選擇這種指導方式的內在因素**。

我們選擇指導方式的標準通常是覺得「這麼做應該會有效」，而了解這個假說可說是改善指導方式的關鍵。

在剛剛的例子裡，指導者就建立了「只要對他提出要求，他應該就辦得到」的假設。之所以會有這個前提，是因為其他人不用特別提醒，也能自動提升生產力，所以對這位部屬提升要求，卻不見成效的話，代表這個前提對這位部屬不適用。

若在回顧行動之後發現「該不會我說得不夠清楚吧？」可試著請對方用自己的話說明他了解了什麼，不要只是單方面地提出要求。像這樣檢視自己的行動與內在，再思考下一步，可增加自己培育部屬的手段。

培育部屬的難處在於每個人都是不一樣的，沒辦法只憑一句話就鼓舞所有人，所以就算是相同的訊息，有些人聽得懂，有些人卻聽不懂。

在培育人才時，利用認知四種組合進行溝通與建立共識吧。以為部屬聽懂，但其實部屬沒聽懂，導致指導的成效不彰是最可惜的事情。請透過等級三和四的內省檢視自己的指導方式，持續提升指導的效果。

不要任由失敗經驗宰割

在指導部屬的時候，還有一個很重要的內省，那就是**放下失敗經驗的內省**。

擔任培訓者的時間一久，就有可能遇到講解再多次，都無法改善的人。大家是否也遇過這樣的人呢？

失敗經驗的內省

意見	某人總是不守時
經驗	提醒他很多次，但總是開會之後才入座
感受	煩躁
價值觀	守時、自我成長

長期指導這樣的人，會讓負責指導的人愈來愈不滿。就算對開會老是遲到的人說

「不要再遲到」，但心裡還是會有個聲音說「這傢伙一定還會遲到」，早就對這個人不抱任何期待，最後甚至會覺得再怎麼說也沒用，所以乾脆連「不要再遲到」都不說了。不知道大家是否有過類似的經驗呢？

在某人的認知之中，「不要再遲到」這句話，等於上司默許可以「稍微遲到」。從對方的立場來看，你的忍耐與放棄等於默許，還請大家務必認識這點。**中途放棄要求對方改善，就等於告訴部屬「不改善也沒關係」，默許部屬繼續犯錯**。

當你發現自己已經「放棄」，請試著進行等級三和四的內省，以最真誠的心情面對某人。

若是囿於過去的失敗經驗，以及覺得「再怎麼說，對方也不會改變」，是絕對無法改變對方的。

當事人要不要改變，只有當事人能夠決定，所以就算是昨天還在遲到的慣犯，你也沒有權利替他貼上「明天也不會改變」的標籤。雖然我在這邊這麼寫，但就我的經驗來看，要避免自己這麼想的確是件很困難的事。

不過，一旦你放棄了，那麼再怎麼要求對方改善，恐怕也不會有什麼效果。一旦腦海閃過「這個人總是那樣」的念頭，就要提醒自己放下過去的經驗，不預做任何的價值判斷，盡力指導對方。

有些人無法放下「沒辦法讓別人成長」的經驗，無法期待任何人的成長，有些人則老是把「培訓人才沒有任何意義可言」這句話掛在嘴邊。

當你覺得自己被失敗的經驗困住，請務必傾聽身邊那些成功培訓人才的人的經驗。幫助別人成長，將別人帶往成功的道路，是讓對方獲得幸福的行為，而且若能成功培育組織的成員，也能提升組織的競爭力，進而讓顧客開心。

若看到部屬因為你的指導不斷成長，你也會覺得培訓人才是件很快樂的事。請大家務必回顧自己的指導方式，成為一名能以不同手段成功培育部屬的領導者。

重點

○如果發現指導的成效不彰，不要只將注意力放在對方的課題，還要回顧自己的指導方式，以及選擇這種指導方式的內在思維。

○一旦腦海閃過「這個人總是那樣」的念頭，就要提醒自己放下過去的經驗，不預做任何的價值判斷，盡力指導對方。

第 4 章

團隊篇

合作

1 目的、願景和價值

第三章介紹透過內省培訓部屬的方法，第四章則要放寬目標對象範圍，介紹「打造團隊」的內省。

強悍的團隊能讓每位成員發揮主體性，朝著同一個方向奔跑。接著為大家說明要打造這種團隊所需的目的、願景、價值。

■目的（purpose）：組織存在的理由
■願景（vision）：組織的北極星、目標與終點
■價值（value）：實現目的與願景所需的重要價值觀

雖然目的、願景、價值都如透明的空氣般抽象，卻在打造團隊之際，扮演著非常重要的角色。

將這三個部分寫成白紙黑字，並且與團隊成員分享，每位成員就能知道自己的定位，以及現在正往何處去，了解自己採取行動的時候，要以什麼為重點，如此一來，便能自發地採取行動。要讓目的、願景與價值轉化為切身之事，就必須實踐內省。

要讓目的、願景、價值滲透整個團隊，端看如何活用內省。接下來就為大家從目的開始介紹。

目的

我們是為了什麼存在？這個問題如今愈來愈重要。

在此之前，企業存在的理由是達成業績、獲利、股東權益報酬率（ROE）這些量化目標，但到了今日，企業不僅要增加收益，還必須對經濟的持續發展做出貢獻。

透過環境保護（Environment）、社會責任（Social）、企業治理（Governance）這三個觀點進行的ＥＳＧ投資以及聯合國永續發展目標ＳＤＧｓ也在股市備受注目。

這只不是在企業發生的事情，也可以看到上班族的意識有所變變。我們在透過工作實現經濟的富足時，想透過工作回饋社會的心思意念也開始在我們心中萌芽。

雖然不是所有的企業都投入ＥＳＧ或ＳＤＧｓ，但回顧過去的十年、二十年，就會發現我們對於事物的看法產生明顯的改變。

在企業存在的理由被重新檢視的潮流之中，重新思考組織的目的可說是意義重大。

為了找出組織的目的，可提出許多問題，比方說，我們為什麼存在？我們能為顧客提供什麼價值？我們能對社會提供什麼價值？我們能創造什麼未來，又能做出什麼貢獻？我們又能對全人類的幸福做出哪些努力？

在數也數不清的問題之中，我最喜歡的是下面這個問題。

如果你的組織從這個地球消失，這個世界會失去什麼？

我認為這是尋求組織目的的終極提問。

目的的終點並不是定義目的。只有當每位成員都將組織的目的放在心中，目的才能發揮應有的效果。

就算目的相同，想要實現這個目的的理由卻是因人而異。如果能將自己看重的事情與組織的目的結合，自然而然會將組織的目的視為切身之事，所以在打造每位成員將組織的目的視為切身之事的組織之際，第一章介紹的了解自己的內省也能派上用場。

每當我提到這點，總是會有問我「不一定要所有人都將目的視為份內之事，只要組織的目的是經營高層的目的就可以了吧？」但真的是這樣嗎？如果目的沒有與所有的活動產生關聯，那就是「假的組織目的」。

每位成員都將組織的目的視為切身之事，這項組織目的就會成為所有行動的方針，而這些將組織目的視為切身之事的成員在針對自己的行動內省時，能夠確認行動與組織目的是否一致。一旦組織能進入這個狀態，組織目的就不再是遙不可及的口號，也才能於組織扎根。

將組織目的視為切身之事的內省

意見 對你來說，組織的目的有何意義？

為什麼你覺得組織的目的很重要？

組織的目的與你的動機來源有什麼關係？

經驗 在這個意見的背後有哪些經驗？

感受 這些經驗與哪些感受連動？

價值觀　從中發現了什麼你很重視的事情？

到目前為止，都是以組織目的已經存在的前提說明。如果是接下來要設立組織目的的人，請利用下列的內省建立組織目的。

建立組織目的的內省

意見　如果你的組織從這個地球消失，這個世界會失去什麼？

經驗　在這個意見的背後有哪些經驗？

感受　這些經驗與哪些感受連動？

價值觀　從中發現了什麼你很重視的事情？

組織成員透過內省與對話找到的組織目的是最完美的組織目的。請讓每位組織成員透過認知四種組合進行內省。

一般來說，組織成員的「經驗」都包含幫助尋找組織目的的原生體驗。請透過對話找出藏在這些原生體驗之中的「核心」。

了解別人的經驗就能從各種立場與角度認識組織的活動。當每個人分享內省的結果，應該就能從不同的經驗之中，找出「某個共通之處」才對。

當組織成員透過認知四種組合分享自己的意見，每個人就能了解透過經驗感受到的組織魅力以及工作的意義，而在內省的過程中，組織目的也一步步轉化為每位組織成員的切身之事。

一旦找到組織的目的，請回到二八六頁的「將組織目的視為切身之事的內省」，利用認知四種組合與組織成員一起實踐內省，了解這個組織目為什麼對自己這麼重要。

願景

願景就是未來的理想姿態。同樣朝著北極星前進，每個人都擔起自身使命的組織很強悍。美好的願景能團結所有成員的心。此外，由於願景是否達成有其明確的定義，所以當願景實現時，每個人都會開心。要打造理想的團隊就不能缺少願景。

於矽谷為經營團隊提供諮詢服務的派屈克・蘭奇歐尼（Patrick Lencioni）曾在其著作《克服團隊領導的五大障礙：洞悉人性、解決衝突的白金法則》（*The Five Dysfunction of A Team: A Leadership Fable*）提到優秀的團隊共有五種功能。

我前往美國時，曾有機會參加作者的演講會，會中「明明團隊成員都很優秀，卻無法正常運作的經營團隊都有共通的特徵」這句讓我印象深刻，因此本書也採用這項理論說明理想團隊的模樣。

團隊可正常運作的條件（參考蘭奇歐尼的理論）

■ **建立信賴關係**：擁有互信的關係。
■ **自然對立**：團隊成員敢放膽直言，提出不同的意見。
■ **敢於承諾**：團隊成員敢對決策或行動計畫做出承諾。
■ **勇於負責**：團隊成員對於計畫的執行有責任感。
■ **重視成果**：團隊成員都努力達成團隊的目標。

在這五個條件之中，「重視成果」這項條件少不了先前提到的願景。蘭奇歐尼提到優秀團隊的成員不僅會承擔自己的責任，還會覺得「自己對整個團隊的成果有責任」，以及採取對應的行動。

所以團隊成員都必須將團隊的願景與理想姿態的落差放在心裡。

一旦高舉偉大的願景，在採取行動的時候，一定會遇到難以跨越的高牆擋在眼前，有些人也會在這時候說「看不見願景」。

不論願景是否有任何變動，會覺得「看不見願景」通常是覺得看不見抵達願景的道路，所以請務必注意這類意見。不管是哪位成員，都有可能在這堵高牆前面停下腳步。

當你聽到有成員抱怨「看不見願景」，就是實踐內省的時候。實踐內省，站在至高點觀察現在發生了什麼事，就能知道成員遇到了什麼課題，也能了解成員的內在屬於何種狀態。分享內省的結果之後，請冷靜地討論該解決的課題。

無法憑一己之力跨越眼前的高牆時，最取巧的方法就是放棄願景。為了避免成員放棄願景，請記得從旁協助成員與培育成員。

願景與執行目標不同，只是指出方向性的北極星，所以通常不會太具體，所以才需要與團隊成員對話與磨合，這個方法也將在下一節「讓願景深植於每一位團隊成員的心中」進一步解說。

價值（組織文化）

價值是整個組織在實現目的與願景所需的部分。每個人的一眼一行都反映著價值，而價值也形塑了組織文化。

美國企業奇異在精實創業這個模型之中，加入了「邊試邊學，贏得勝利」（Learn and Adapt to Win）這個新價值。

奇異的各級負責人會在價值更新之後，自行更新自己的行動模式，每一位負責人也都被要求成為價值的範本，而且會將價值當成培育部屬的方針，所以頃刻之間，就能根據新的行動模式打造全新的文化。

內省也可在根據價值打造文化之際派上用場。每個人都回顧自己的行動，並以後設認知的方式了解自己的行動與價值之間的落差，就能齊心打造與孕育理想的文化。

許多人以為如水一般透明的組織文化沒有任何的著力點，很難人為打造，但其實這是天大的誤會，而且有如此誤會的人，肯定也是負責打造組織文化的一員。

文化是由五個元素的一貫性形成，這五個元素分別為理念（價值）、行動、態度、思考、感受。在蘊育文化時，需要每個人都實現這五個元素的一貫性，以及建立整個組織的一貫性，所以才說這時候需要實踐的是內省。

■以價值觀（理念）為軸心的五個一貫性

◎具有一貫性的例子

理念：想打造充滿安心感的團隊

行動：不論成功或失敗，都能開誠佈公地回顧

態度：尊重彼此的學習成果與成長

思考：思考能透過內省得到更多學習的問題

感受：因為互相學習而感到開心

△缺乏一貫性的例子

理念：想打造充滿安心感的團隊

行動：無法坦率地回顧失敗（違背理念的行動）

態度：尊重彼此的學習成果與成長

思考：回顧失敗時，大家會停止思考（違背理念的思考）

感受：因為互相學習而感到開心

從缺乏一貫性的例子，可以得知「就算確定了團隊的理念，但所做所為卻違背這個理念」的情況其實很常見。為了確認理念、行動、態度、思考、感受的一貫性，請務必透過內省與對話檢視，藉此打造理想的團隊。

確認一貫性的內省

意　見　我們算是體現了理念嗎？

經驗 是因為哪些經驗才有這種想法？

感受 哪些感受與這個經驗連動？

價值觀 在這個意見背後有哪些價值觀？

進行內省可確認自己是否實踐了價值，也能透過後設認知的方式，了解在實踐價值的道路上，遇到哪些形同障礙的「看法」。

比方說，明明想打造充滿安心感的團隊，卻無法坦率地回顧失敗時，只要進行內省，就能找出讓團隊成員無法安心的因素。只要能找出這些形同阻礙的因素，就有機會找到解決方案。

意見 無法坦率地回顧失敗。

經驗 在以前的團隊檢討失敗時，總是檢討到一半就變成找戰犯的批鬥大會，團隊的負責人也常在此時被檢討。

感受 很可憐

從這個例子可以發現，一旦回顧失敗，每個人都會擔心自己被檢討。如果每個人都知道回顧失敗也不會被檢討，就能安心地回顧失敗。

在改革組織之際，實現奠基於價值的一貫性是非常重要的一環。「雖然以打造青色組織為目標，讓組織從管理型轉型為自律型，最後卻壯志未酬」的例子其實很常見，但失敗的理由之一就是缺乏一貫性。

要打造青色組織，就必須營造對應的組織文化。確定組織希望每個人的信念、行動、態度、思考、感受產生哪些變化之後，每個人都必須透過內省確定前述的五個一貫性。

只要能實現這五個一貫性，最終就能打造青色組織。

重點

○透過認知四種組合進行對話，藉此定義目的、願景與價值。

○透過內省打造目的、願景、價值深植每位成員心中的組織。

○維持理念（價值）、行動、態度、思考、感受的一貫性可形塑組織文化。為此，每位成員必須透過內省自我檢視。

2 讓願景深植於每一位團隊成員的心中

領導力就是透過自己的一言一行與存在感，讓自己以外的人自行採取行動的影響力。領導者會提出願景，鼓舞他人。

接下來要介紹的是讓組織成員將願景視為切身之事的方法。除了說明「要實現的目標」之外，透過「原生體驗」與「當下的感受」說明為什麼會產生那種想法，可讓對方反問自己「自己的想法是什麼？為什麼會想實現這個願景，願景對自己又有什麼意義」。

要打造的不是負責人唱獨角戲的團隊，而是團隊成員互相鼓舞的團隊，這樣的團隊才能發揮最大的力量。有時候團隊的負責人也會被某位成員的願景激勵與重新充電。請打造一個負責人與成員都樂於描繪願景的組織。

讓故事化為語言

要引起別人的共鳴，能營造想像的「故事」是最有效的方法。透過認知四種組合進行的內省也能直接應用於「說故事」。

接下來讓我們實際進行描繪願景的內省吧。

說故事可應用的內省

意見 想與大家一起實現的目標是什麼？

經驗 想實現這個目標的背景與原生體驗是什麼？

感受 透過原生體驗感受到的感受是什麼？

價值觀 動機來源是什麼？重視的事情是什麼？

對成員的期待 對成員的期待是什麼？

於說故事應用的內省包含了所有引起感動與共鳴的願景所需的元素。

在以世界五十個國家為對象的「最有工作價值的公司」調查之中，株式會社 LIFULL 連續七年被評為最佳公司，讓我們試著將株式會社 LIFULL 社長井上高志於創業初期發表的訊息，套入上述的框架。

LIFULL 井上社長的故事

意見 **想與大家一起實現的目標是什麼？**

希望消除房地產業界的資訊落差，打造每個人都能遇見理想生活的社會。

經驗 **想實現這個目標的背景與原生體驗是什麼？**

感受 **透過原生體驗感受到的感受是什麼？**

在房地產公司當業務的時候，曾遇到一對年輕的夫妻。這對夫妻本來很喜歡某間房子，卻因為某個緣故，在一切準備就緒，準備購買這間房子之前斷然放棄。看著這對沒辦法買到喜歡的房子而顯得非常難過的夫妻，我覺得「我一定要為這對夫妻找到類似的房子，滿足他們的願望」。

很可惜的是，當時的公司沒有類似的房子，所以我將目標轉向其他的公司，介紹其他公司的房子。雖然這件事被上司否定，但我當然真的很想回應這對夫妻的願望，所以便不顧上司的反對，連同其他公司的房子一同提出。

最終，顧客在其他公司找到了非常滿意的房子。雖然我因為這件事被上司叮得滿頭包，但能聽到顧客對我說「真的非常感激」，真的很開心，於此同時，我也發現明明房屋買賣有可能是每個人一輩子最高金額的交易，但顧客與業界所能掌握的價格有著明顯的落差，我覺得這絕對是一大問題。

價值觀

動機來源是什麼？重視的事情是什麼？

利他主義

「想讓大家得到幸福」的想法是全面的。

讓眼前的人快樂，自己也快樂。

對成員的期待 **對成員的期待是什麼？**

這個業界充斥著不安與不便。希望與成員一起打造讓消費者快樂的服務。

接著，讓我們觀察新主管上任這種常見的例子。

新主管的故事

意見 **想與大家一起實現的目標是什麼？**

希望向更多企業提供人資部門專用的系統，為更多上班族的職涯開發以及提升個人與組織的關係盡一份心力。

經驗 **想實現這個目標的背景與原生體驗是什麼？**

感受

透過原生體驗感受到的感受是什麼？

以前的公司不重視培訓人才這一塊，在同一個部門做相同的工作三年，也無法覺得自己有成長，就算提出轉調其他部門的申請，也未能得到回應，所以進入第五年之後，便不顧一切地轉換跑道。我其實很喜歡原本的公司，如果那間公司能有開發個人職涯的方案，我應該還在那間公司服務。這世上應該有許多像我一樣的人吧。

價值觀

動機來源是什麼？重視的事情是什麼？

自我成長、自行開發職涯、提升個人與公司的關係

對成員的期待

對成員的期待是什麼？

希望與成員一起努力，讓更多公司透過人資系統幫助員工開發職涯以及提升員工與公司的關係，一起打造一個每個人都能成長與安心工作的社會。

說故事與描繪願景除了能鼓舞人心，還能打造每位成員將組織的目的與願景視為

切身之事的組織。

利用故事描繪願景

根據下列的問題整理自己的思緒，可完成描繪願景的事前準備。透過認知四種組合構思故事之後，就進行描繪願景的準備吧。

描繪願景的四個問題

- 想實現什麼事情？
- 對你來說，這件事情為什麼這麼重要？
- 之所以會覺得重要，是因為過去的哪些經驗？請試著回想當下感受到的感受。
- 對成員有何期待？

【圖 4-1】引起共鳴的願景描述

讓成員了解願景的方法

想實現什麼事情？	希望向更多企業提供人事部門專用的HR系統，為更多上班族的職涯開發以及提升個人與組織的關係盡一份心力。
對你來說，這件事情為什麼這麼重要？	因為每個人從工作感受到自己成長時都會覺得幸福。此外，在換工作理所當然的這個時代裡，趁著年輕規劃自己的職涯也非常重要。若能實現這兩點，與公司的關係一定會更緊密，工作也會更快樂。
之所以會覺得重要，是因為過去的哪些經驗？請試著回想當下感受到的感受。	以前的公司不重視培訓人才這一塊，職涯面談也只是流於形式。在同一個部門做相同的工作三年，也無法覺得自己有成長，對未來也開始覺得不安，就算提出轉調其他部門的申請，也未能得到回應，所以進入第五年之後，便不顧一切地跳槽到現在的公司。之前的公司是我的第一志願，我也非常喜歡那間公司，如果那間公司能有開發個人職涯的方案，我應該還選擇繼續待在那間公司。如果能有更多企業幫助員工規劃職涯與提升員工與公司之間的關係，就不需要一直換工作，能在同一間公司獲得成長與成就感，也能安心地開發個人職涯。
對成員有何期待？（試著讓成員的動機來源與「想要實現什麼」的部分連結）	希望與成員一起努力，讓更多公司透過HR系統幫助員工開發職涯以及提升員工與公司的關係，一起打造一個每個人都能成長與安心工作的社會

POINT

倘若無法讓當事人將「想實現的理由」與動機來源連結，以及將願景當成充滿個人感受的「個人故事」，願景就只是「公司的經營方針」而已。

反對的意見藏著強化團隊的線索

不論願景有多麼宏大，也不可能所有人都認同你提出的願景，所以這時候該做的事情是與那些質疑願景的人對話。

在分享願景時，最不該做的事情，就是在傾聽對方為什麼質疑的理由之前，就試著說服對方，因為這樣會讓對方離棄願景或是懷疑願景。「被迫」接受願景就無法將願景當成切身之事。

第一步該做的事情就是了解對方是基於哪些經驗、感受或價值觀質疑你提出的願景。

請大家記住一點，對方不是反對你提出的願景，只是在捍衛自己重視的價值觀。知道對方覺得哪些價值觀「被否定」是讓對方對你提出的願景產生共鳴的第一步。

質疑願景的意見

提出「想以多元的工作方式打造每個人都得以發揮本色的組織」這個願景之後，某位經理表達了反對意見。以認知四種組合詢問這個意見之後，得到下列的答案。

意見 多工的工作方式難以全面管理，很難盡到經理的職責。

經驗 即使每個人的工作方式都一樣，每個人的能力、生產力與動機也都不同，所以要讓團隊達成任務，往往得耗費不少心力。

感受 疲憊

價值觀 責任感、品質管理

由此可知，這位經理之所以反對，是因為本身強烈的責任感。因為有這樣的人存在，組織才得以正常運作。由於這位經理的擔心也不無可能，所以就算是為了整個組織著想，也得擬定相關的解決方案。**提出反對意見等於是提出重要的檢討事項**。

在聽到反對意見之後，可在「想以多元的工作方式打造每個人都得以發揮本色的組織」這個願景之後提出下列的訊息。

根據反對意見提出的訊息

意見 想以多元的工作方式打造每個人都得以發揮本色的組織。要實現多元工作方式這個目標，前提是每個人都要有管理手上工作的能力，所以必須檢討培育這類能力的方式與指南。若是自律的團隊，採用多元工作方式應可提升每位成員的生產力。此外，採用不同工作方式的人若能依照自己的生活方式安排時間，就能讓工作與生活都很充實，也會覺得很幸福。要讓雙薪世代採用多元工作方式，一邊維持工作的生產力，一邊維持生活品質，就必須用心培育自律型人才。

經驗 雙薪家庭的父母除了工作之外，還有許多雜事煩心，例如得接送小孩去幼兒園，還得準備晚餐。據說三十幾歲都在上班的夫妻，通常只有在孩子起床之前，以及睡著之後，才有時間專心工作。比起「朝九晚五」這種固定的上班時間，能自行安排時間，兼顧生活與工作的工作方式更受歡迎。

價值觀

各有工作、工作與生活的充實、自律

要打造將願景視為切身之事的組織，除了負責人提出願景，還要**透過對話讓組織成員朝著同一個方向眺望**。

每個人對願景的解釋都不同，所以就算面對同一個願景，有些人會覺得自己重視的價值觀受到威脅，有些人會提出質疑。

傾聽反對意見的緣由能讓我們改善提出願景的方式。以前面這例子來看，可從反對意見學到一些事情，也能在推動願景的時候，發覺一些需要注意的事項。

就算遇到反對意見，也要記得對方只是在捍衛自己重視的價值觀，不是真的反對你的意見。

放下成見，以平常心傾聽反對意見的對話力能大幅強化你的領導力。

直視課題與形塑願景

要讓願景在組織或團隊扎根，就必須更具體地描繪理想的姿態，想必誰都知道這點對吧，但比這件事更重要的是剖析課題的能力。

美國知名管理大師柯林斯（Jim Collins）在其著作《從 A 到 A+：企業從優秀到卓越的奧祕》（*Good to Great: Why Some Companies Make the Leap... and Others Don't*）曾提到以下兩段話。

■所有能創造偉大成就的企業在尋找通往偉大的道路時，第一步都是直視在目前的現實之中，最為嚴苛的事實。

■只要真誠地面對目前的狀況與事實，往往會知道哪些決定才是正確的。若無法貫徹直視嚴苛現實的精神，就不可能做出正確的決定。

直視課題雖然困難，但如果整個團隊能一起面對課題與彼此對話，就能釐清課題的全貌與找到解決的方法。接著以生活之中的例子說明整個過程。

直視課題的內省

■我們面臨的課題

遠端工作模式開始之後，生產力未能如預期提升。

■我的意見

意見 生產力未能在遠端工作模式底下提升，是因為分配工作的方式有問題。

經驗 在前職場創立新事業的時候，曾因為不知道該從哪裡開始而煩惱。等到任務確定之後，生產力就提升了。

感受 （任務不確定的時候）不安、（任務確定之後）安心

價值觀 釐清任務

■ A 的意見

意見 生產力未能在遠端工作模式底下提升，是因為整個團隊沒有在目的、事業策略這類工作的前提與思維形成共識。

經驗 遇到必須做出決策的工作時，必須先回到原點，自己總是回頭檢視組織的目的與事業策略再進行判斷。

感受 （做出決策之前）心情七上八下、（做出決策之後）安心

價值觀 最佳解答、判斷標準

■ B 的意見

意見 生產力未能在遠端工作模式底下提升，是因為員工缺乏主體性。

經驗 具有主體性的人才就算採用遠端工作模式，生產力也不會下降。這些人懂得自行定義工作與從事工作。

感受 （找到能維持生產力的人才）開心

價值觀 主體性、自律

聽了A與B的意見之後，會發現課題只不是「任務不夠明確」，還包含「組織的目的與事業策略未能共享」以及「員工不夠自律」。聽取更多意見就能從更多的面向認識課題，也就能直擊課題的核心。

雖然剛剛的這個例子是很生活化的課題，但這個課題的內省也能用來解決社會問題這類大型課題。今時今日的課題往往非常複雜，也擁有不同的面向，所以要正確掌握課題的全貌，就得騰出時間進行內省與對話。

此外，進行直視課題的內省與對話，了解「現狀與理想姿態之間的落差」之後，「創意張力」就會油然而生。這時候我們會被迫做出選擇，是要利用這股創意張力讓自己朝理想的姿態前進，還是要放棄理想姿態，選擇維持現狀。透過這類選擇形成的願景將成為創造未來的原動力。

看似瑣碎的要求也能套用描繪願景的方法

最後要介紹的是在日常生活應用描繪願景這個框架的方法。

說故事或描繪願景都是能在尊重對方的主體性之餘，讓對方知道你的期待與願望，這也是非常有效的溝通方式。

在告訴對方你的期待時，加入「自己的經歷以及當對的感受」，能引起對方的共鳴，也能透過三言兩語有效地傳遞你的想法，更棒的是，這是一種溝通，而不是發號施令，所以不會犧牲對方的主體性。

希望部屬定期報告

意見 希望部屬定期報告

經驗 感受 在非常忙碌的上司底下工作時，總是想著不要佔用上司的時間，所以工作順利時，不會特別報告工作進度，可是在成為上司之後，就覺得部屬非得報告不可，否則會很擔心進度落後。

對成員的期待 就算工作的進度正常，也希望能簡單地報告一下，才會覺得放心。

請試著從平日開始培養描繪願景的習慣，實現許多願望。

重點

○利用認知四種組合的內省描繪願景。

○反對意見是讓大家達成共識的重要意見。透過認知四種組合傾聽，再利用反對意見描繪願景。

○讓直視課題的內省成為形塑願景的原動力。

3 讓多元轉換成價值

一般來說，在團隊傾力挑戰大型課題或創新之際，集合各種個性與專業的人，讓這些人截長補短，較能創造更豐碩的成果。比方說，與其他部門的同事或公司外部的人聊聊自己在工作上的煩惱，有時候反而能得到一些超乎想像的建議。與擁有不同經驗或價值觀的人對話，就能以全新的思維解決問題。

如果對方給的建議派不上用場，你可能會覺得「沒辦法跟對方溝通」，或是「無法理解」對話的建議，因此覺得不舒服，不過，愈是相去甚遠的建議，愈能激發全新的想法，也愈有可能找到解決方案。為了讓多元性轉換為價值，就不能排除不同的意見，也要學著包容多元性。請試著活用之前介紹的內省與對話，擁抱完全不同的世界與幫助自己成長。

在推動多元（diversity）的同時，有可能因為某些文化背景無法放下「同質比多元更好」的看法，因此無法由衷欣賞多元性。

不過，我們在當下的想法（意見）、感覺到的一切（感受）、重視的事情（價值觀）、過去的經歷（經驗）都不一樣。不要只將重點放在國籍或個性差異這類多元性，而是要將焦點放在每個人的差異。

利用認知四種組合進行對話後，我們就能打從心底相信每個人都不一樣這件事。

比方說，若是與別人聽了同一場演講，常常會在交換心得之後發現每個人的感想都不一樣。如果能像下面的例子以認知四種組合了解彼此的感想為何不同，就會發現每個人都是透過自己的經驗與價值觀解釋演講的內容。

聽完新創企業社長的演講的感想

■想創業的大學生

意見 對「想創業的大學生最好去創新精神濃烈的企業當實習生」這句話最有印象。

經驗 雖然擁有創業的夢想，但不知道在學生時期該做什麼。在這次的演講得到上述的答案。

感受 （聽演講之前）煩悶、（聽演講之後）神清氣爽

價值觀 做現在能做的事、實現夢想

■進入社會第十年，負責創立新事業的人

意見 對「現在的成功源自無數次的失敗。最初的經營理念與現在的公司可說是天差地遠。策略轉向（pivot）可說是讓事業成功的常識」這段話最有印象。

經驗　試著開發新事業之後，覺得公司的決策流程是阻礙事業發展的因素，也告訴自己「果然跟我想的一樣」，確認自己的想法是正確的。

感受　（聽演講之前）煩悶、（聽演講之後）神清氣爽

價值觀　新事業的成功、解決課題

跳進「截然不同的世界」可得到下面這兩個學習成果。

第一個是**了解自己的「理所當然」**。

我們都有很多的「理所當然」。當我們待在同質的環境之中，沒有人會質疑共同的「理所當然」，所以我們也很難察覺這些「理所當然」。可是當我們跳進截然不同的世界，就會遇到那些「理所當然」不再適用的情況，也會被別人問「為什麼你會有這種想法？」這時候你就能從全新的觀點檢視自己。

第二個是**得到全新的「看法」**。

當你跳進那些「理所當然」不再適用的世界之後，若能與對方的世界產生共鳴，就能得到全新的「看法」，此時若只會抱怨「自己的常識不管用」，實在是太可惜了。帶著好奇心跳進截然不同的世界，可培養面向更廣、更多元的思維。

為了透過多元激發化學反應，除了能接納多元的看法，還能創造全新的價值，所以請大家培養擁抱截然不同的世界，並向這個世界學習的習慣。

多元的感想

接納不同的意見與多元性，可得到下列四種感想。

■感想一：自己也是多元的一部分

推動尊重多元時，有些人會有「我尊重與我不同的你」的想法，但這其實是把自己放在多元之外，將自己視為不同的「標準」。在接受多元時，必須秉持

「自己與別人都是多元的一部分」這種想法。

■ **感想二：別把事實與解釋混為一談**

能將事實與解釋區分開來的習慣，能幫助我們了解截然不同的世界與他人，因為前面已經提過很多次，我們通常會透過自己的經驗解釋事實。建議大家以認知四種組合判讀事實，不要自行詮釋事實。

■ **感想三：扁平而開放**

任何的階級與地位都只是一種角色，千萬不要以階級或地位評斷他人的優劣。因為形形色色的人同聚一堂的最大好處就是互相學習。若是優秀的人無法向平庸的人學習，平庸的人也無法超越優秀的人，是難以創造價值的。

■ **感想四：對話**

在經營以多元為前提的團隊時，內省與對話都能發揮極大的功效。

將注意力從意見的差異移到價值觀的差異上，就能從各種意見找到一個人找不到的答案。

如果擁有各種人才的組織能將上述的四種感想轉化為組織文化，就能活用每個人的長處。要將這些感想轉化為組織文化，請使用於一三四頁介紹的內省，也就是實現「五種一貫性」的內省。

我覺得在面對多元的時候，站在同質世界與異質世界的邊界，是最有壓力的時刻。因為這時候我們會發現異質世界就近在眼前，而當我們猶豫著要不要跳進這個異質世界時，這個異質世界的存在也會形成莫大的壓迫感。

可是，當我們鼓起勇氣，跳進這個異質世界，就會不斷地學到新看法，也就沒空理會壓力。如果覺得那些驚訝或不習慣的事情很有壓力，請立刻實踐內省，告訴自己「這些事情是了解自己的機會」，以及享受這些進一步認識自己的機會。

如果行有餘力，可試著觀察「對方的世界還有哪些是我不知道的事情」，試著向截然不同的世界學習，積極地與這個世界對話。一旦能將「擁抱截然不同的世界」視為正面的經驗，就愈來愈不會害怕跳入截然不同的世界。

重點

○透過認知四種組合了解自己與別人的差異，再將這些差異轉換成學習成果。
○跳進截然不同的世界，察覺自己的「理所當然」，享受得到新看法的經驗。
○不要以孰優孰劣的觀點看待多元性，打造能彼此學習的扁平式環境。

4 培養開創未來的能力與解決課題的能力

能開創全新未來的團隊通常會整個團隊一起內省，但是每位團隊成員也必須獨自實踐內省。

想要開創未來的人需要六種內省。如果每位團隊成員都能進行這六種內省，就能實現理想的姿態。在此讓我們試著整理透過這些內省能得到什麼吧。

創造未來的內省

■ 1 了解自己的內省（四十頁）

了解發現課題的動機來源（自己重視的價值觀）是什麼。

了解自己期待的未來（理想姿態）與背後的動機來源是什麼。

■ 2 直視課題的內省（三二一頁）

剖析現實，找出課題。透過內省確認自己的感受與判斷，將藏在自我認知背後的經驗或價值觀視為課題。

在處理複雜的問題時，除了要觀察眼前的現象，還要觀察藏這個現象後面的構造或系統。為此，必須試著與別人對話，向位於自己之外的世界學習。

■ 3 形塑願景的內省（五十二頁）

將現狀、理想姿態、動機來源視為三角形的三個點，創意張力就會從這個三角形之中誕生，創造力與潛力也會跟著提升。

■ 4 更新現狀與理想姿態的落差的內省

遭遇新的事實之後，可試著利用 2 與 3 的內省詮釋這個事實，更新現狀與理想姿態之間的落差。

在了解現況的時候，若只想看到美好的一面，就很難發現課題，根深蒂固的執著也會讓課題變得比實際更棘手，所以要避開這種偏見造成的風險。

■ 5 從經驗學習的內省（七十頁）

根據預測建立假設之後再採取行動，接著根據行動結果進行內省。

從經驗學習的內省不會只針對結果，而是會針對行動與內在進行內省，藉此更新自己的預測與假設。

透過經驗找出規律，再累積學習成果。

整個團隊一起內省，可提升學習成果的品質。

為了在舞台改變時做好改變路線的準備，要進行反學習或改造自己的內省（一〇二頁）

■ 6 透過後設認知的方式對實踐內省的自己進行內省

針對行為一至五進行內省，檢視自己的內省是否有任何缺漏或偏見。

- 檢視一：現在有沒有什麼特別強烈的執著（對事物的看法）。（有沒有什麼看法宰制著你，現在的心態是否為定型心態）
- 檢視二：是否直視著在現實之中，最為嚴苛的課題。
- 檢視三：願景有無任何變動。（有沒有任何偏差或縮水）
- 檢視四：是否站在至高點觀察現狀與理想姿態之間的落差（透過經驗得知事實之後，是否將這個事實放進冰山模型之中，精進自己認識課題的能力）
- 檢視五：行動之前的假設是否明確？是否從經驗學習與更新假說？是否隨時修正軌道？

要實現理想的姿態請讓整個團隊實踐前述這六種內省，如此一來，就比較容易找到事情不順利的理由。

接下來要介紹的是，透過內省讓整個團隊一起解決課題與創造新事物的方法。

在以人為本的設計思維應用內省

世界級消費品製造商聯合利華，曾為了在印度農村推廣肥皂而啟動「Shakti 計畫」，而本書打算以這個計畫為例，介紹以人為本的設計思維以及應用內省的方法。

要將肥皂賣給不習慣洗手，缺乏衛生知識的人不是一件簡單的事，因此聯合利華在推動這個計畫時，與想要促進衛生與健康的行政機關、在地人士編成團隊，一起進行了實地考察。這在設計思維被稱為引起「共鳴」的第一步。

為了在進行實地考察之際站在當地居民的立場了解真實的情況，必須**具備區分事實與解釋的能力**。若以「用肥皂洗手是理所當然」的觀點了解農村居民的生活，是無法了解農村居民真正的需求的。

■ 無法將事實與解釋分開的情況（只憑自己的經驗解釋事實）

沒有用肥皂洗手的習慣，所以小孩子會因為衛生習慣不佳死掉

■將事實與解釋分開的情況（不以自己的經驗詮釋事實）

沒有洗手的習慣、不知道有肥皂這種產品，也不知道小孩子是因為衛生習慣不佳才死亡。媽媽因為小孩死亡而難過，物質生活貧乏……

Shakti 計畫為了改變諸多事實（現狀）而提出了組合方案。

如果要將解決社會問題視為商機，請不要強迫消費者接受製造商的看法，而是要先思考消費者的哪些需求未被滿足，以及**放下成見，不做任何價值判斷，將這些未被滿足的需求視為一種事實**。透過了解事實的內省理解消費者真正的需求，才有機會催生足以改變社會的創意。

內省也能應用於「系統化變革」

擁有全世界最大社會創業家網路的「阿育王夥伴」（Ashoka Fellow）曾提出「不要教沒飯吃的人釣魚，而是要教這些人漁業系統」，本書要以此為例，說明「系統化變革」。

要改革系統，就必須了解冰山的全貌。系統是以互相串連的元素組成，**所以要了解這些元素，以及串連必要的元素，必須不斷地進行內省與對話**。

藏在眼前課題的冰山大概可分成下列三種。

■系統或構造：造成現況的制度、構造或法律（也可利用因果圖整理造成現況的元素以及元素之間的因果關係）。

■時間軸模式圖表：沿著時間軸產生變化的元素以及元素的模式。

■人們對事物的看法：社會常識、對事物的看法、價值觀、理念、文化或其他。

我從創立之初就參與的非營利組織 Learning for All（LFA），也將「孩子們生活的世界」視為系統，挑戰以系統思考的方式，從根本解釋兒童貧困問題。

了解系統與串連元素

假說 有許多需要支援的小孩，所以要立刻找到這些小孩。

結果 沒有管道接觸這些孩子，所以沒辦法找到這些小孩。

行動 了解孩子生活的世界（系統），以及建構這個世界的元素，再串連這些元素

記得從十年前啟動這份學習支援事業的時候，最辛苦的就是找到需要幫助的孩子。如果知道自己的假設不成立，就能透過內省了解建構孩子世界的元素，以及串連這些元素，讓自己成為這個系統的一部分（元素），所以也不斷嘗試與那些早在這個系統存在的元素，例如學校、監護人、地方政府、在地志工合作。在經過多次的對話之後，總算建立了一套能於整個地區支援孩童的系統。

透過時間軸模式圖表了解學力問題

經驗

透過時間軸了解孩子的發展情況，會發現孩子的學力發展遲緩現象在小學四年級的時候最為顯著，但其實這是正準備進入正式課程的時期，因此不難發現，學力發展遲緩的問題早在進入小學之前就已經出現。自幼出現的學力發展遲緩問題愈來愈嚴重，才讓孩子放棄學習。

若要解決國中生的學習問題，就必須先解決小學生的學習問題。

願景

可以的話，將小學一年級的學生納入輔導對象。

透過時間軸模式圖表觀察孩子的學力發展遲緩問題會發現，早在學力發展遲緩最明顯的小學四年級之前，就已經出現學力發展遲緩的現象，這也是這個問題最根本的原因，所以根據這項事實從根本原因解決課題的新願景也因此而生。

了解利害關係人的觀點（心智模型）

假設　孩子們能乖乖坐著上課十五分鐘，就很厲害。

經驗　在最初設立學堂的時候，幫忙介紹孩子的個案工作者告訴擔任教師的學生志工：「孩子們能乖乖坐著上課十五分鐘就很厲害」。這或許是為了不讓學生志工太沮喪才這麼說，但令人意外的是，第一天來到學堂的孩子居然乖乖地上了三個小時的課。

學習　就算是連除法都不會的國中生也希望自己會讀書。連來輔導的人都不相信這些孩子能學會讀書的方法。

願景　相信孩子的可塑性是ＬＦＡ的使命。

在了解個案工作者與孩子這些利害關係人的「觀點」之後，我們這群志工的創意張力便全面啟動了。

想要進行系統變革，**就要在遇到新事實之後，將事實與解釋分開來，再以拼圖的**

方式，將一塊塊拼圖拼進冰山模型。將得到的新資訊套入冰山模型，就能從不同的面向與角度了解課題，也能找到從根本解決課題的方法。

此外，了解於冰山模型登場的利害關係人是哪些人，以及了解他們做了哪些努力與他們對這些事情的看法，也是了解冰山模型所不可或缺的。社會系統是由各方利害關係人共同維持的，所以當利害關係人已經盡了力，卻仍無法解決問題時，就必須試著改變系統的「目的」、「元素」和「元素相關性」這三者的其中之一。

與各種專家合作

如果只是一群科技專家聚在一起，想法就會變得非常狹隘。近年來，連商界都出現了博雅教育與藝術世界匯流的趨勢。**位於天秤兩端的多元融合之後所創造的價值，將帶來難以想像的震撼力**。

不過在大多數的情況下，事情沒有想像得那麼簡單，因為各界重視的價值觀（觀點）以及慣用的敘述方式都不一樣，所以很難彼此了解，當然也難以融合。

要在充份應用自己的專業之際，與另一端的專業配合，共創全新的價值，就要進行後設認知、內省、對話與反學習。

其實我以前在矽谷參與日美技術人員技術開發專案時，也曾因無法順利溝通而吃足了苦頭。

這個專案從一開始就出師不利。機械工學系的日本技術人員想要先徹底調查前例再著手開發，但資訊通訊系的美國技術人員卻想先讓自己的想法具體成形。日本的技術人員覺得「美國的技術人員太亂來，做了太多無謂的事」，而美國的技術人員則覺得沒有提出想法的日本技術人員「缺乏創意」。

現在回想起來，美國的技術人員是想要敏捷式開發推動專案，而日本的技術人員則將瀑布式開發視為理所當然，所以雙方才無法達成共識。假設日美雙方的技術人員都有內省與對話的習慣，一定能更快拿出成果才對。

內省也能用來催生概念

催生新概念形同訂立新的價值標準。好的概念都有故事，若利用認知四種組合構思概念，就能輕易地寫出故事。

■試著從概念開始設計杯子

意見　工作的時候，若能隨時喝到一杯熱飲，是件令人開心的事。

經驗　工作正忙的時候，沒辦法一直去倒咖啡，所以通常會使用大型的馬克杯裝咖啡，但喝到最後，都會喝到冷掉的咖啡。

感受　（有時可以喝到咖啡）很開心、（咖啡冷掉）很可惜。

價值觀　咖啡熱得比較好喝。

讓我們根據認知四種組合找到的價值標準思考概念。

■杯子的概念「隨時都能喝到熱咖啡」

雖然杯子的概念是非常單純的例子，但就算對象換成複雜的社會系統，還是能透過認知四種組合構思概念。

以義務教育的改革為例，可利用認知四種組合寫出需要改革的理由，以及希望改革成什麼模樣，大量列出相關的價值標準。由於社會系統不像杯子那麼單純，很難獨自一人構思概念，所以必須與各界的利害關係人對話，但**不管概念的規模多大，起點都是人類的認知四種組合**。

非洲有句「一個人走得快，一群人走得遠」的俗諺。

小課題可一個人解決，大課題則需要與各界的利害關係人一起解決。不過，若沒有養成內省的習慣，也沒有放下成見，向多元世界學習的習慣，那麼就算找來一堆相關人士，也沒辦法一起抵達遠方。

若能一群人一起實踐內省與對話，一起抵達遠方的話，豈不是件非常快樂的事嗎？但願本書能幫助大家實現這個境界。

重點

○實踐開創未來的六種內省。

○透過以人為本的設計解決課題，或是想改革系統，從根本的原因解決課題都可應用內省。

○要想結合多種專業創造新價值，就必須實踐內省與對話。

5 打造「學習型組織」

「學習型組織」是由組織學習管理大師彼得・聖吉提倡的理論，也是為了全世界不斷進化的社群所設計的理由。簡單來說，學習型組織就是「為了實現夢想，歡迎所有成員發揮領導力的組織」。

不管立場或頭銜為何，每個人都能將想法帶入組織，整個組織也不會在乎「是誰的想法」，只會開誠佈公地討論「這個想法是否有用」。

我在了解美國企業「奇異」的實踐過程之後，便被「學習型組織」這個理論攝服，也開始於日本介紹「學習型組織」。將奇異改造成學習型組織的傑克・威爾許徹底打破了組織之間的藩籬，也要求管理階層將自己當成學習者。只要是負責人，不管是什麼立場或年紀，都需要時時保持學習的心態。此外，也能讓自己的組織吸收其他部門或公司的優質創意。

在那之後，我去了丹麥考察教育系統，大使館的工作人員告訴我「丹麥是個熱愛學習的國家」，學習型組織這個理論不僅在企業扎根，還於全國應用，我也因此深受衝擊。在學習型國家之中，由市民、行政機關、企業、大學一同打造社會的機制非常完善，而這個機制也被命名為「四重螺旋」(Quadruple Helix)。看來歐洲各國在組成歐盟的時候，都轉型為「學習型國家」了。

帶領奇異踏上改革之路的傑克．威爾許，是一位對什麼都很感興趣的人，所以他才決心將奇異打造成「學習型組織」。在這個變化激烈的時代裡，最令傑克威爾許感興趣的不是「所有的第一名都源自自家公司」的想法，而是「讓自家公司以最快的速度學習其他公司創造的第一名，以學習能力成為全世界第一」的想法。

員工超過三十萬人的奇異，至今仍是學習型組織的模範。奇異在最近邀請提倡精實創業的艾瑞克萊斯擔任指導者，學習精實創業的方法（創立新創事業的方法），並將「邊試邊學，贏得勝利」這個概念納入奇異的行動準則之中。

大部分的日本人都認為「大企業無法改變」，或是「組織的高層無法改變」，但只要觀察奇異就會知道這些說法都只是「莫須有的想像」。

最近以青色組織為範本，企圖打造自律型組織、扁平式團隊的領導者愈來愈多。學習型組織可說是打造自律型組織的敲門磚。在沒有上司的扁式組織之中，每位成員都是透過組織的目的與願景建立聯繫，也會透過自己的創意張力與別人一起解決課題或判斷課題。這種行為模式之所以能夠成立，全在於學習型組織的五大修練。

學習型組織的五大修練

本書是為了打造學習型組織與自律型組織的人所寫。

彼得・聖吉在其著作提到「要打造學習型組織，必須完成五大修練」。

本書介紹的內省、對話其實也是實踐學習型組織五大修練的方法。接下來要解說學習型組織的五大修練，以及與本書內容的共通之處。

①心智模式

「心智模式」包含心態或典範，是每個人「待人處世的前提」。注意自己的心智模式以及心智模式帶來的影響，並在不順利的時候，不往外尋求原因，而是回過頭來檢視自己的心智模式有哪些缺陷。

本書將心智模式轉化為認知四種組合。提升後設認知力，可幫助我們更快了解自己的心智模式，因此後設認知力也是打造學習型組織不可或缺的能力。不要只以自己的觀點看事情，而是要客觀地認知在這些觀點都與過去的經驗、感受與價值觀有關。

②團隊學習／對話

「團隊學習」指的是透過與團隊、組織內外的人對話，了解自己的心智模式或問題的全貌，再結合廣納各方人士意見的流程。在這個過程之中，能提升整個團隊的敏感度，找出根本的課題與目的的手法稱為「對話」。

團隊學習可透過對話實現。本書也將對話解釋成踏出自我窠臼的方法。團隊成員透過認知四種組合實踐內省與傾聽，便能推動這裡提到的「團隊學習」。

③ 系統思考

「系統思考」是指將事情視為一連串元素之間的相關性，將注意力放在這類相關性的本質與交互作用的觀點。有時候這種系統思考會被當成整體最佳化的方法或是解決複雜問題的手段，也是「不斷運作的系統」的基本思維。

本書在介紹解決課題的內省時，曾介紹冰山模型這個系統思考的工具。複雜的問題難以解決的理由或是最大的困難在於了解問題，因為造成問題的原因過於錯綜複雜，讓人難以釐清前因後果。

冰山模型的意思是「任何問題的表徵都只是冰山一角，表徵的底下都藏著看不見的整座冰山」。要了解另一個世界，不能只透過自己的鏡頭，而是要透過各界相關人士的鏡頭觀察，所以才需要透過認知四種組合實踐內省與對話。

④自我超越

「自我超越」的意思是對於「想成為什麼樣的人？」「想創造什麼？」有明確的願景，並將願景與現實之間的緊張關係（創意張力）化為創造力，進而激發內在動機的過程。

本書介紹的創意張力與自我超越的創意張力相同。只要實踐「了解自己（四十頁）」或「形塑願景（五十二頁）」，就有機會實現自我超越。在青色組織或全體共治組織這類自律型組織之中，每個人的創意張力都與組織的目的連動，也成為驅動組織的原動力。

⑤ 共同願景

「共同願景」是指成員的願景在幾經磨合之下，成為組織願景的流程。一旦能共享願景，這個願景就會成為組織的指南針，為組織指出行動、成果、學習的方向。

本書曾經提過，要形成共同的願景，就必須每個人都能超越自我，也提到形成共同願景的過程不能少了對話。請在實踐「了解自己的內省」「形塑願景的內省」之餘，同時實現「讓願景深植於每一位團隊成員的心中（二九八頁）」的目標，以及試著「提升對話力與傾聽力」（九十三頁）。

實現「學習型組織」的「為美國而教」

位居美國大學生就業排行榜第一名的非營利組織為美國而教（Teach For America，TFA），就是不折不扣的學習型組織。

TFA是一九九〇年，由普林斯頓大學畢業的溫蒂・柯普（Wendy Kopp）所創立的團體，提供了讓優秀的常春藤聯盟畢業生在貧困地區擔任兩年老師的派遣計畫。創辦TFA的柯普透過這個活動發現，就算都是錄用優秀的學生，也不代表誰都能締造相同的成果，此外她也觀察能讓學生的成績大幅成長，改變學生的老師，以及不斷地實踐內省，最終在這些締造成果的老師身上，找到了共通的普遍法則。簡單來說，這個法則就是「領導式教學」（Teaching As Leadership: The Highly Effective Teacher's Guide to Closing the Achievement Gap）這個教師方針。實踐「領導式教學」，締造成果的老師都說自己實踐了下列六件事情。

■訂立遠大的目標
■把學生當家人
■根據目的訂立計畫
■有效率地行動
■持續追求效果

■永不懈怠地努力

為了實踐這六件事情，ＴＦＡ建立了評分指標（評估學習進度的標準），並在派遣老師前往學校之前的勤前教育與回饋加入了「領導式教學」的內容。

在參與「為日本而教」（Teach for Japan）的創立之際，我前往ＴＦＡ參觀，將日本法人打造成學習型組織。當時的我有機會與柯普對話，也從中感受到她的願景真的是「打造所有孩子都有機會得到優質教育的社會」，也確信「領導式教學」充份反映了她的創意張力。所有參加ＴＦＡ的學生也都認同柯普的願景，所以每位教員的學習成效發展成團隊的學習成果，優質的想法成為組織的智慧，培育了下一代的教員。這種組織學習至今仍是讓ＴＦＡ得以繼續發展的支柱。

雖然ＮＰＯ法人Learning For All（ＬＦＡ）是從「為日本而教」獨立的團體，但是從ＴＦＡ學到的學習型組織的精神卻仍於ＬＦＡ棲息。從學習支援事業起步的LFA的創意張力發展成「該怎麼做，才能在當地打造讓 6 歲到18歲的孩子得到必要支援的環境」這個問題，也企圖從根本解決孩子的貧困問題。孩子的貧困問題非常複雜，要剖析問題的本質，就需要冰山模型與系統思考。若無法與地方政府、學校、父母親、在地人士以及不同立場的人對話，就不可能打造所有孩子都能得到支援的生態系。LFA的所有成員都必須是學習型組織的領導者。

學習型組織是讓所有成員不斷學習，藉此實現夢想的組織。希望大家能透過本書介紹的方法與實踐法，試著打造學習型組織。

【圖 4-2】為美國而教（TFA）的學習循環

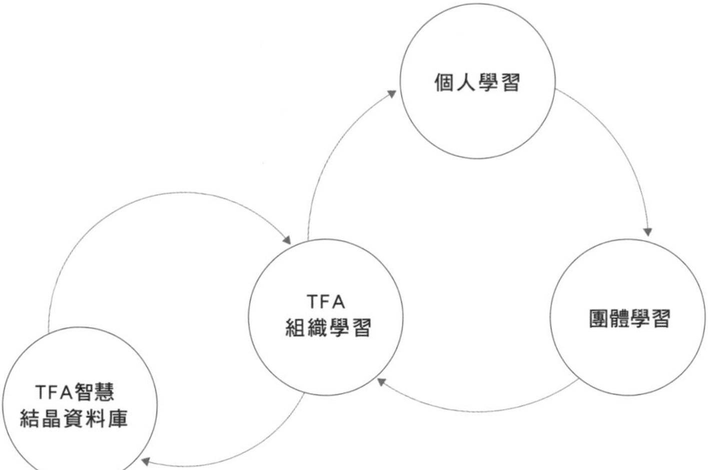

重點

○為了打造以學習力成為世界第一的組織，必須實踐內省與對話。

○要讓組織從管理型轉型為自律型可使用本書介紹的方法。

○除了工作之外，所有與各界人士為了同一個目標前進的活動都可使用本書的方法。

結語

本書介紹的方法是打造前述的「學習型組織」的方法。從遇到學習型組織到撰寫本書的這段時間，可說是一條充滿荊棘的漫長道路。

放棄學習的選項

與學習型組織的相遇得回溯到一九九七年。當時的我正在尋找開發領導力的最佳課程，也得知當時的奇異執行長傑克・威爾許（Jack Welch，一九三五－二〇二〇）正打算讓奇異從大企業特有的官僚式組織轉型為學習型組織。奇異從全世界各地挑出了一百五十名領導者，再讓這些領導者來到位於克羅頓維爾的領導力開發中心，將這些人培訓成學習型組織的領導，因而得以讓四十萬人的組織得以成功改造。

幸運的是，我有機會與開發這項課程的專家見面，也因此開始在日本推廣學習型組織。雖然泡沫經濟破滅之後，「大組織無法改變」的成見深植於每個日本人的心中，但我不禁想著「如果企業知道四十萬人的組織都能改變，會不會有更多企業想要轉型成學習型組織呢？」因此帶著夢想與希望，開始推廣學習型組織。

可惜的是，我的假設並未成真。雖然在好幾間大型企業舉辦了研修課程，但成效與奇異的學習型組織實在相去甚遠。

奇異會讓員工不斷地嘗試新挑戰，鼓勵員工透過挑戰成長，研修課程則是輔導員工成功，獻上必要工具的機會。我在日本介紹的企業改革課程也是奇異在推動改革之際，每位員工都能使用的工具。當時的奇異一邊研究最佳管理課程，一邊成為領導者材輩出，令其他公司難以望其項背的組織，這一切都是因為奇異擁有讓經營高層到第一線員工都能求新求變，不斷成長與成功的機制與文化。不管是多麼先進的見地，區區的研修課程是無法讓組織改變的。

難以忘懷的經驗

在日本剛開始推廣學習型組織領導者培訓計畫的時候，某間企業委託我「培訓讓事業部彼此合作，創造顧客價值的領導者」。當我採訪在這間企業被視為模範的人才之後，他們告訴我「希望讓敝公司的所有價值都用於幫助顧客解決問題」，也在公司內外開拓人脈，透過各事業部的合作創造了顧客價值。

聽完之後，我不禁感動地認為「居然有這麼棒的事情」，但等到研修課程開始之後，情況完全不是如此。小組討論都是一堆替自己做不到（不想做）辯駁的理由，每個人都在說「既然如此，希望考核制度能夠調整」，而且把做不到（不想做）的原因全怪在公司頭上，而不是檢討自己，然後假裝形成共識。每當我問到「你想怎麼做」的時候，所有人都啞口無言，但在說明自己為什麼辦不到的時候，卻是滔滔不絕。這時候，身為組織成員之一，卻無法示範的講師，實在感到無力。

其實也有其他企業委託我培訓推動改革的領導者，但培訓的對象都是課長、股長這級的中階管理職。董事們總是將「部長很難改變，所以想將公司的未來交託在年輕人手中」這句話掛在嘴邊，也告訴年輕的管理職「放手去做」。從董事手中接過培訓任務的我也帶著使命感，努力讓中階管理職的這些人成為學習型組織的領導者。

但是，每當我培訓成功，這些中階管理職的人就開始每天煩惱。因為回到職場之後，會發現被董事放棄的部長就在那裡，而且還擋在這些活力十足的領導者面前，所以這些領導者愈是為公司與顧客著想以及推動改革，就愈是痛苦，研修課程反而打擊了領導者的士氣。在這個狀態下，是不可能成功改革的。

我曾在某個金融機構舉辦構思新事業的研修課程，被選中的年輕員工在研修課程的最後向董事進行了簡報。可是當某個團隊提出最具新意的事業提案之後，卻招來董事冷酷無情的批評，反觀另一個只整理了已知的資訊以及提出毫無新意的簡報的團隊，居然得到了最高的評價。這與我的評價當然是完全相反的結果。

這個研修課程的經驗讓我知道為什麼會出現那麼多「不願思考、不願表達意見，沒有中心思想的優秀人才」，可是如果總是如此，不管是多麼優秀的人才，最後都會變得無法回答「你想怎麼做？」這個問題。

教育與社會共進的「學習型國家」

在經歷多次企業研修課程失敗的經驗之後，我得出「等到成人再開始就太慢了」的結論。因此我將重點放在孩童的教育，決定在日本摸索推廣學習型組織的道路。就在這個時候，有機會參與日本教育大學院大學的經營。這間日本教育大學院大學一直以來都以「次世代教育」作為創校理念，也以此理念培訓教育，所以我也開始探索所謂的「次世代教育」。

當我調查次世代教育之後，發現全世界各地已經出現「改革教育，讓未來的成年人得到幸福」的這股風潮。以美國為例，在二〇〇二年，蘋果公司與其他新興企業一同設立了Partnership for 21（P21）這個團體，希望讓現行的教育系統除了傳統的教學，還能往教導批判性思考與問題解決（Critical Thinking and Problem Solving）、溝通（Communication）、合作（Collaboration）、創造與革新（Creativity and Innovation）的4C教育的方向前進。在歐洲方面，OECD則在二〇〇三年發表了作為義務教育方針的核心競爭力，並將核心競爭力定義為「內省是VUCA時代的孩子所需的能力」。OECD在二〇一九年發表的「OECD學習方針二〇三〇」也提到「內省是創造美好未來所需的能力」。

OECD提倡的教育改革與想要創造美好未來的學習型組織有著許多共通之處，我也希望立刻在日本推廣這種教育改革，但從企業改革的經驗來看，我知道這絕非易事。

因此，我為了能與各界的利害關係人一起思考日本教育的未來，創立了未來教育會議，也展開了相關的活動，一邊與文科省、教育委員會、校長、第一線的學校老師、學生家長、學生、企業面試官以及相關人士對話，一邊探訪國內外的教育情況，探訪的次數超過一百三十次以上，也從教育現場學到許多事情（設立未來教育會議的「社會的未來腳本二〇三〇」、「教育的未來腳本二〇三〇」、「人類的生涯培育報告」，請從未來教育會議的官網下載）。在前往荷蘭、德國與丹麥探訪之際，我發現歐洲有「學習型國家」這種概念，也才知道這種概念被稱為「四重螺旋」。學習型國家的教育與社會是與時並進的。

大人改變，教育就跟著改變

未來教育會議的活動讓我知道「等到成人再開始就太慢了」的想法是錯的。荷蘭被譽為全世界小孩最幸福的國家，而荷蘭的小孩從四歲開始練習內省。之所以能實施這種教育，全因大人知道內省的重要性，而且不斷地練習內省。

當我發現「大人不改變，教育就無法改變」之後，便在株式會社 LIFULL 創辦人井上高志先生的協助下，在二〇一五年創辦了二十一世紀學習研究所。我將這個研究所的任務定為改造日本的學習能力，以及讓學習型組織在日本扎根。在當時幫上大忙的正是在教育的世界學到的一切。尤其內省、後設認知與對話更是改變自身看法，解決猶如千絲萬縷般複雜的問題所必備的能力。

本書介紹的五個方法都能在弭平現狀與理想狀態的落差之際，促進必要的學習，也是提升每個人的觀察力與相關能力的力量。要想使用這五種方法就必須透過認知四種組合實踐內省。

公民素養極高的荷蘭是從四歲開始實施與認知四種組合有關的教育，讓孩子自然而然地得到相關的能力。為了打造尊重多元性與共生的社會，荷蘭的孩子都會練習內省、後設認知與對話，從小就知道民主社會是以對立為前提這件事，所以才能成為懂得將意見與他人分開看待的大人。

我現在也正在努力讓荷蘭的公民教育課程進入日本孩童（幼兒、小學生）的生活。我覺得當孩子們學到「每個人的心情與意見都不一樣，但還是可以當朋友」的道理就能立刻實踐，而且之後還可以跟大人說「本來就是應該這樣啊」。

實現學習型組織的 Learning For All 夥伴

我之所以能在這十年一直相信，學習型組織總有一天將得以實現，全是因為我有一群 Learning For All 的夥伴。Learning For All 是希望從根本解決孩童貧困問題的教育 NPO，我從創立之初就參與相關活動，也負責開發學習型組織。

參加活動的所有成員都擁有想終止孩童貧困問題的創意張力。基於「孩子的成績不好，不是孩子的錯」這項理念實踐的內省也是認真的。

每當我看到尚未進入社會的年輕人吸收了日本龍頭企業朝思暮想的「學習型組織」的精華，一副將學習型組織視為囊中之物的模樣，我也覺得非常自豪（其實Learning For All的畢業生除了在教育界、政府機關服務，也在商業大展拳腳）。在過去，我一直替自己找「實際做做看就知道有多難」這種藉口，但現在我不禁覺得，這一切都是身為一名負責任的大人所該做的事情。

孩子是在社會的氣氛之下長大的。大人的Being（模樣）與Doing（一言一行）都會成為社會的氛圍，所以我們大人也都是教育的小尖兵。

為了實現大人與小孩都能持續學習的「學習型國家」，但願能有更多夥伴一起推廣後設認知、內省要對話與反學習，也容本書也在此擱筆。

二〇二一年三月　熊平美香

參考文獻

《第五項修練：學習型組織的藝術與實務》(*The Fifth Discipline: The Art and Practice of The Learning Organization*) 彼得．聖吉 (Peter M. Senge) 著，天下文化出版

《第五項修練II　實踐篇》(*The Fifth Discipline Fieldbook*) 彼得．聖吉 (Peter M. Senge)、克萊納 (Art Kleiner)、羅柏 (Charlotte Roberts)、羅斯 (Richard Ross)、史密斯 (Bryan J. Smith) 合著，天下文化出版

《動機，單純的力量：把工作做得像投入嗜好一樣 有最單純的動機，才有最棒的表現》(*Drive: The Surprising Truth About What Motivates Us*) 丹尼爾．品克 (Daniel H. Pink) 著，大塊文化出版

《重塑組織》(暫譯，*Reinventing Organizations: A Guide to Creating Organizations Inspired by the Next Stage in Human Consciousness*) 弗雷德里克．萊盧 (Laloux, Frederic) 著

《變革抗拒：哈佛組織心理學家教你不靠意志力啟動變革開關》(*Immunity to Change: How to Overcome It and Unlock the Potential in Yourself and Your Organization*)，羅伯特．凱根 (Robert Kegan) 麗莎．萊斯可．拉赫 (Lisa Laskow Lahey) 合著，財團法人中衛發展中心出版

《找到你的為什麼：尋找最值得你燃燒自己、點亮別人熱情的行動計畫》（*Find Your Why*）賽門・西奈克（Simon Sinek），大衛・米德（David Mead），彼得・道克（Peter Docker）合著，天下雜誌出版

《成人心智發展理論的能力成長》（暫譯，原書名『成人発達理論による能力の成長　ダイナミックスキル理論の実践的活用法』）加藤洋平著，日本能率協會管理中心出版，二〇一七

《克服團隊領導的 5 大障礙：洞悉人性、解決衝突的白金法則》（*The Five Dysfunction of A Team: A Leadership Fable*）派屈克・蘭奇歐尼（Patrick Lencioni）著，天下雜誌出版

《從 A 到 A+：企業從優秀到卓越的奧祕》（*Good to Great: Why Some Companies Make the Leap... and Others Don't*）詹姆・柯林斯（Jim Collins）著，遠流出版

《幻想曲》（暫譯，原書名『ファンタジア』*Fantasia*，）布魯諾・莫那利（Bruno Munari）著，Misuzu 書房出版

圖表索引

附錄

簡單學內省

內省框架

認知四種組合

意見	● 你的意見是什麼？
經驗	● 藏在意見背後的是哪些經驗？
感受	● 這些經驗與哪些感受連動？
價值觀	● 從中找到哪些重要的價值觀？

正在著手進行的主題的內省

主題	● 你現在正在著手進行什麼事情？
目的與願景	● 你想透過上述的努力實現什麼事情？
與動機來源的相關性	● 想實現的事情對你有何意義？
經驗	● 具備與這件事有關的經驗（包含已知的事情）嗎？
感受	● 上述的經驗與哪些感受連動。
價值觀	● 從中發現哪些你重視的事情？

正在著手進行的主題的內省

誰的需求	● 誰能享受努力的結果？
哪種需求	● 達成目的或願景，受惠者能得到什麼？
影響力	● 達成目的或願景之後，社會將產生什麼變化？
成功的評價軸	● 如何評估達成目的或願景的成功

從經驗學習的內省

步驟一：回顧計畫

計畫		● 曾有哪些計畫？
計畫的假說	假說（意見）	● 曾有哪些假說？
	假說的前提（經驗）	● 形成這個意見（假說）的前提是哪些過去的經驗（包含已知的事情）？
	假說的前提（感受）	● 這個經驗與哪些感受連動？
	假說的前提（價值觀）	● 從中發現了哪些重要的價值觀？

從經驗學習的內省

步驟二：假設的結果與實際的結果

● 假設的結果是什麼？	⟷	● 實際的結果又如何？

步驟三：回顧經驗

回顧經驗	● 曾有哪些經驗？
	● 曾有哪些順利或不順利的事情？
	● 這些經驗與哪些感受連動？
	● 從中找到哪些重要的價值觀？

從經驗學習的內省

步驟四：從經驗學習

理由	●（順利時）思考為什麼會順利？ （失敗時）如果有機會回到失敗之前，會改善什麼？

步驟五：定義法則

法則	● 透過內省明白什麼事情？ 試著重新定義法則。

步驟六：行動計畫

行動計畫	● 該如何把學到的經驗應用在下次的行動？

步驟七：疑問

疑問	● 現階段還有什麼沒學到、感到困惑的事情？

從經驗學習的內省（簡式）

● 預設的結果是什麼？	⟷	● 實際得到什麼結果？

計畫	計畫	● 原本訂立了什麼計畫？
計畫	假說	● 做為計畫前提的假說（判斷基準）是什麼？
經驗	經驗	● 得到什麼經驗？ 有哪些部分成功，哪些部分失敗？
經驗	感受	● 這項經驗與什麼感受連動？
學習	從經驗學到的事	●（順利時）思考為什麼會順利？ （失敗時）如果有機會回到失敗之前，會改善什麼？
學習	定義法則	● 透過內省明白什麼事情？
學習	行動計畫	● 該如何把學到的經驗應用在下次的行動？

針對反學習的內省

步驟一

回顧過去	● 過去的成功經驗是什麼？ 那是怎麼樣的經驗？
價值觀	● 根據過去經驗形成的看法與判斷基準是什麼？
感受	● 與成功體驗連動的感受是什麼？

針對反學習的內省

步驟二　想像反學習之後的世界

採訪	
採訪心得	

針對反學習的內省

採訪之後的內省 利用認知四種組合整理採訪心得	
意見	● 你的意見是什麼？
經驗	● 從採訪聽到什麼事情？（三分之二的內容）
感受	● 那些意見與經驗與哪些感受連動？
價值觀	● 從中找到哪些重要的價值觀？

步驟 三　反學習

反學習	● 經過步驟一與二之後，了解了什麼？你要針對什麼進行反學習？

改造自我的內省

步驟一：選擇改善的主題

改善的主題（意見）	● 改善目標的主題是？
經驗	● 針對這個改善目標有什麼經驗？
情緒	● 這個經驗對哪些情緒連動？
價值觀	● 從中可以發現哪些是你重視的價值觀？

改造自我的內省

步驟二：在決定改善的目標時，先找出改善之前的行動與恐懼

行動	● 改善之前的行動是什麼？
情緒	● 與改善之前的行動連結的恐懼是什麼？

改造自我的內省

步驟三：向下挖掘藏在感受背後的價值觀

價值觀	● 因為重視什麼，才會產生那類感受？試著找出與感受連動的價值觀。
經驗	● 那些價值觀是根據哪些經驗形成的？
正面的影響	● 那些價值觀對人生有什麼幫助？
負面的影響	● 些價值觀對人生有什麼阻礙？

改造自我的內省

步驟四：釐清改造自己的願景

重新定義要改善的目標	● 想要改變什麼？
形塑願景	● 著手改善之後，會得到什麼好處？ 你會為了得到什麼好處而挑戰改造自己？

改造自我的內省

步驟五：思考行動計畫

第一步	● 要改善什麼？
成功的評估標準	● 該如何評估第一步的成功？
時間點	● 什麼時候該進行第一步的內省？
終點	● 改造自己哪些部分算是抵達終點？

打造堅定軸心的內省

1 回顧過去做過哪些選擇

意見	● 試著找出哪些決定與選擇，影響了你的人生
經驗	● 這些決定與選擇又是怎麼樣的經驗？
感受	● 這些經驗與哪些感受連動？
價值觀	● 這些決定與選擇又是基於哪些價值判斷？

打造堅定軸心的內省

2 釐清自己的使命與存在的理由

意見	● 你的使命、存在的理由是什麼？
經驗	● 為了完成使命，你體驗過哪些事？
感受	● 這些經驗與哪些感受連動？
價值觀	● 從中找到哪些重要的價值觀？

打造堅定軸心的內省

3 找出重視的價值觀

意見	● 為了完成使命，你重視的價值觀是什麼？
經驗	● 請說出你或團隊實踐這些價值觀的經驗。
感受	● 這些行動實例與哪些感受連動？
價值觀	● 這些行動實例奠基於哪些價值觀（重視的看法）

打造堅定軸心的內省

4 具體描繪自己的願景

意見	● 你一直想實現的事情是什麼？ 你的願景是什麼？
經驗	● 請說出是哪些經驗讓你覺得這個願景很重要？
感受	● 那些經驗與哪些感受連動？
價值觀	● 從中找到哪些重要的價值觀？

打造堅定軸心的內省

5 找出自己的強項

意見	● 你的優勢是什麼？
經驗	● 是什麼經驗讓你這麼覺得？
感受	● 這些經驗與哪些感受連動？
價值觀	● 從中找到哪些重要的價值觀？

打造堅定軸心的內省

6 找出你的影響力的來源

意見	● 你覺得自己的影響力來自什麼？
經驗	● 是什麼經驗讓你這麼覺得？
感受	● 這些經驗與哪些感受連動？
價值觀	● 從中找到哪些重要的價值觀？

打造堅定軸心的內省

7 想像理想的領導者形象

意見	● 你想成為哪種領導者？
經驗	● 這個想法的背景與哪些經驗有關？
感受	● 這些經驗與哪些感受連動
價值觀	● 在領導力之中，最想重視的價值觀是什麼？

回饋三步驟

（對方） 實際的行動	● 回饋對象的行動是什麼？ 在何時、何地做了哪些行動？ 請具體地跟對方說。
（對方） 行動的結果	● 行動的結果是什麼？ 請清楚說明行動（原因）與結果之間的相關性。
（對方） 理想的行動	● 理想的行動是什麼？ 請清楚說明對方的行動與理想的行動有何不同。

國家圖書館出版品預行編目 (CIP) 資料

內省的技術（新版）：勇敢了解自我、願意真心傾聽，培養主動學習的能力，讓自己和組織更強大！/ 熊平美香著；許郁文譯.
--- 二版. -- 臺北市：經濟新潮社出版：英屬蓋曼群島商家庭傳媒股份有限公司城邦分公司發行, 2022.08
面；　公分. -- (經營管理；177)

譯自：リフレクション (REFLECTION)：自分とチームの成長を加速させる内省の技術

ISBN 978-626-96153-8-4（平裝）

1.CST: 領導者 2.CST: 組織管理 3.CST: 自我實現

494.2　　111007422